土壤污染状况调查技术指南
——电镀企业

王　水　主编

科　学　出　版　社
北　京

内 容 简 介

电镀企业是《工矿用地土壤环境管理办法（试行）》中明确的土壤环境污染重点监管单位，电镀企业用地土壤环境质量状况也是土壤环境管理的重点关注对象。本书基于国家土壤污染状况调查相关技术导则要求，针对电镀行业企业生产和地块污染特点，结合国家土壤污染防治的最新需求和技术发展动向，全面介绍了电镀行业企业典型生产工艺和污染产排行为，以土壤污染捕捉为导向，明确污染预判与识别途径，重点介绍了调查方案的设计和调查过程技术要求。

本书可供土壤环境保护科研人员、政府土壤环境监管人员、土壤污染状况调查与修复治理从业技术人员参考。

图书在版编目（CIP）数据

土壤污染状况调查技术指南：电镀企业 / 王水主编. —北京：科学出版社，2023.3

ISBN 978-7-03-075401-1

Ⅰ. ①土… Ⅱ. ①王… Ⅲ. ①土壤污染－调查研究－指南 Ⅳ. ①X53

中国国家版本馆 CIP 数据核字（2023）第 069132 号

责任编辑：张淑晓 程雷星 / 责任校对：杜子昂
责任印制：吴兆东 / 封面设计：东方人华

科 学 出 版 社 出版
北京东黄城根北街 16 号
邮政编码：100717
http://www.sciencep.com
北京中石油彩色印刷有限责任公司 印刷
科学出版社发行 各地新华书店经销
*
2023 年 3 月第 一 版 开本：720 × 1000 1/16
2023 年 3 月第一次印刷 印张：11 1/4
字数：230 000

定价：98.00 元

（如有印装质量问题，我社负责调换）

本书编委会

主　编　王　水

副主编　徐海波　张满成　吴　健
　　　　柏立森　任晓鸣　刘　伟

编　委　蒋林惠　潘　月　王　栋
　　　　王海鑫　尹芝华　李梦雅
　　　　汪子阳　吕宗祥　冯亚松
　　　　傅博文　刘翠翠　蔡安娟
　　　　张　丹　朱冰清　陶景忠
　　　　钟道旭　丁　亮

前　　言

电镀是现代制造业的基础工艺之一，是制造加工业中不可或缺的部分，且在电子、钢铁等领域不断有新的应用。我国是一个电镀大国，电镀行业对经济社会及整个工业体系的快速发展起着非常关键的作用。然而，电镀行业也属于重污染行业，电镀过程中大量使用强酸、强碱、重金属溶液、氰化物、氯代烃和苯系物等有毒有害化学品，同时产生大量的工业“三废”（废水、废气、固废）。电镀行业的“三废”具有毒性高、浓度高、治理难度大、治理成本高等特点，尤其是大量有毒有害物质进入土壤，经过长期累积造成较大土壤污染风险，已经严重威胁到农产品质量和人居环境安全。

党的十八大以来，党中央、国务院高度重视土壤环境保护工作，2016 年 5 月，国务院发布《土壤污染防治行动计划》，2019 年 1 月《中华人民共和国土壤污染防治法》正式施行。随着一系列标准、指南、规范和办法的陆续出台，土壤环境管理“四梁八柱”制度体系基本建立。电镀企业属于法律明确的土壤污染重点监管单位，需按照相关要求开展土壤污染状况调查。为推进我国土壤污染防治工作，增强电镀企业土壤污染状况调查工作的科学性和规范性，本人基于 20 余年土壤污染防治实践经验，组织专业团队精心编撰了本书。

本书紧密结合电镀行业特征，针对污染源特征和潜在污染物特性，采用程序化和系统化的方式规范电镀企业土壤污染状况调查过程，保障调查过程的科学性和客观性。同时，综合当前科技发展和专业技术水平，确定调查方法、作业规范及质量管理要求，使调查过程切实可行，满足确定污染程度与范围、开展风险评估和治理修复等工作需求。

本书共 14 章。第 1 章为总则，从总体上明确了本指南的编制目的、适用范围、编制依据、术语及定义、指导原则；第 2 章简述了我国电镀行业发展概况，介绍了电镀生产工艺、设备和布局，总结了电镀行业污染源、污染物情况及特点；第 3 章明确了土壤污染状况调查程序、内容及其行业特点；第 4～6 章介绍了通过资料收集与分析、现场踏勘和人员访谈，初步确定潜在污染源的种类、性质和位置，从而为后续采样调查过程提供基础资料获取的具体做法；第 7、8 章聚焦于地块污染原位初探以及污染预判与识别；第 9～11 章从调查方案设计、现场作业规范和实验室检测分析等方面明确了采样调查及检测分析的具体流程和做法；第 12 章提出了调查中应注意的健康、安全和环境保护管理要求；第 13 章为结果分析与地块概念模型建立；第 14 章明确了最终调查报告的编制与档案管理规范。

本书的最终付梓离不开江苏省生态环境厅及江苏省环境科学研究院领导的大力支持，也得益于团队不忘初心的砥砺前行，同时感谢土壤圈中各位专家学者的意见和建议！

土壤环境保护工作专业性强、难度大，本书涉及内容较广，疏漏之处在所难免，欢迎业内同行及广大读者批评指正！

王　水

2022 年 12 月 10 日于秦淮河畔

目　　录

第1章 总 则

1.1 编制目的

为贯彻落实《中华人民共和国土壤污染防治法》和《土壤污染防治行动计划》，推进我国土壤污染防治工作，增强电镀企业土壤污染状况调查工作的科学性和规范性，根据《中华人民共和国环境保护法》、《中华人民共和国土壤污染防治法》、《土壤环境质量 建设用地土壤污染风险管控标准（试行）》（GB 36600—2018）、《地下水质量标准》（GB/T 14848—2017）、《建设用地土壤污染状况调查技术导则》（HJ 25.1—2019）等相关法律、法规、标准等，编制《土壤污染状况调查技术指南——电镀企业》（以下简称“指南”）。

1.2 适用范围

本指南适用于关闭搬迁或在产电镀企业（包括使用电镀设施的企业）土壤污染状况调查工作，可供化学镀、阳极氧化、磷化等表面处理企业对建设用地土壤污染状况进行调查时参考。

本指南不适用于放射性土壤污染状况调查工作。

本指南使用对象为地块环境管理部门、相关责任人、从事土壤污染状况调查工作的单位和专业技术人员等。

1.3 编制依据

《中华人民共和国环境保护法》
《中华人民共和国土壤污染防治法》
《中华人民共和国水污染防治法》
《土壤污染防治行动计划》
《全国地下水污染防治规划》（2011—2020）
《地表水环境质量标准》（GB 3838—2002）
《生活饮用水卫生标准》（GB 5749—2022）
《地下水质量标准》（GB/T 14848—2017）

《土壤环境质量 农用地土壤污染风险管控标准（试行）》（GB 15618—2018）

《生活垃圾填埋场污染控制标准》（GB 16889—2008）

《危险废物填埋污染控制标准》（GB 18598—2001）

《一般工业固体废物贮存、处置场污染控制标准》（GB 18599—2001）

《土壤环境质量 建设用地土壤污染风险管控标准（试行）》（GB 36600—2018）

《建设用地土壤污染状况调查技术导则》（HJ 25.1—2019）

《建设用地土壤污染风险管控和修复监测技术导则》（HJ 25.2—2019）

《地下水环境监测技术规范》（HJ 164—2020）

《土壤环境监测技术规范》（HJ/T 166—2004）

1.4 术语及定义

下列术语和定义适用于本指南。

电镀：应用电解方法，在制件表面形成均匀、致密、结合良好的金属或合金沉积层的过程。包括镀前处理（去油、去锈）、镀上金属层和镀后处理（钝化、除氢）。

制件：用来承载电镀层的物体。

砖砼结构槽体：由小部分钢筋混凝土及大部分砖墙承重的电镀槽体，通常配以聚氯乙烯（polyvinyl chloride，PVC）材料的内衬使用。

逆流漂洗：一种电镀工件运动方向与清洗水流方向相反的工件漂洗方式。

多级逆流漂洗：由多个电镀清洗槽组成，清洗水流由末端清洗槽供水向首端清洗槽流动并排出，达到多级清洗的目的。

建设用地：指建造建筑物、构筑物的土地，包括城乡住宅和公共设施用地、工矿用地、交通水利设施用地、旅游用地、军事设施用地等。

土壤污染状况调查：采用系统的科学的调查方法，确定地块是否被污染及污染程度和范围的过程。

敏感目标：指地块周围可能受污染物影响的居民区、学校、医院、饮用水源保护区以及重要公共场所等。

1.5 指导原则

（1）针对性原则：紧密结合电镀行业特征，针对污染源特征和潜在污染物特性，调查污染物种类及浓度和空间分布，为调查地块土壤环境管理提供依据。

（2）规范性原则：采用程序化和系统化的方式规范电镀行业土壤污染状况调查过程，保障调查过程的科学性和客观性。

（3）可操作性原则：综合当前科技发展和专业技术水平，确定调查方法，使调查过程切实可行，满足确定污染程度与范围、开展风险评估和治理修复等工作需求。

第2章　典型电镀行业污染地块信息

电镀是现代制造业的基础工艺之一，是在制件表面镀上金属合金或复合镀层，其可以增强金属的抗腐蚀性、硬度，降低磨耗，提高金属的导电性、润滑性、耐热性，使金属表面美观等。电镀行业属于高耗能、高污染行业，但由于电化学加工所特有的技术经济优势，电镀仍是制造加工业中不可或缺的一部分，且在电子、钢铁等领域不断有新的应用，如芯片中的铜互联、先进封装中的通孔电镀，钢铁行业中的镀锡、镀锌、镀铬，手机中天线电镀、液晶显示屏框架电镀、铝镁轻合金的表面加工等。

2.1　我国电镀行业发展概况

2.1.1　电镀行业发展历程

我国是一个电镀大国，电镀行业作为我国重要的加工行业之一，对经济社会及整个工业体系的快速发展起着非常关键的作用。我国电镀工业的发展是在中华人民共和国成立以后开始的。随着大规模经济建设的开展，机械制造业迅速发展，汽车和拖拉机制造、飞机制造、电子生产以及仪器仪表等企业相继建立，一些老企业也得到了扩大改造。在这些新建和改建的机械制造企业中，不少建有电镀车间或工序，这是电镀工业在我国发展的初级阶段。

20世纪80年代起，随着改革开放的推进，我国生产力获得极大解放。在强劲发展的制造业带动下，电镀行业也得到了迅猛发展。经历了初期的粗放型发展后，在市场化改革和国际竞争的推动下，电镀行业也开始追随国际先进水平和发展趋势。特别是在电镀技术开发和电镀行业管理方面，出现了许多技术跟进和创新举措，新技术、新工艺、新材料、新设备如雨后春笋般层出不穷。很大一部分电镀生产的手工操作变为自动生产线，一些地区建立了电镀工业园区，“三废”[废水、废气、固体废弃物（简称固废）]治理技术日益完善，从事电镀研发的电镀企业、高等院校、科研机构逐步增多，电镀人才队伍不断壮大，使电镀行业面貌焕然一新，初步建成了较完整的电镀生产体系。

截至2017年，我国规模以上的电镀企业（含电镀车间）约2万家，年产值约1500亿元，电镀加工年产量约12亿m^2，其中40%以上的电镀企业集中于长三角地区、珠三角地区。作为加工工艺，电镀加工分布在机械、轻工、电子、航天航空、仪器仪表等各个工业行业。全国电镀工业生产每年消耗铜、锌、镍等金属 7 万余吨、氰化钠 2 万 t 以上、铬酸酐 3.5 万 t 以上，消耗酸、碱等化工原料 40 万 t 以上，每年排放含重金属废水达 4 亿 t、酸性气体 300 万 m^3、固体废弃物达 5 万 t。

根据不同的工艺要求，电镀镀层包括单一金属或合金层、弥散层、覆合层等，镀种涉及锌、铜、镍、铬、铅、锡、金、银、转化膜等，其中，铬、铅等重金属在各级重金属污染综合防治“十三五”规划中均被列为需重点防控的重金属污染物。随着环保要求的提升，国家层面上开始对电镀行业提出了越来越严格的要求。早在《产业结构调整指导目录》（2011 年本）及《国家发展改革委关于修改〈产业结构调整指导目录（2011 年本）〉有关条款的决定》（国家发改委 2013 年第 21 号令）中就已明文要求淘汰含有毒有害氰化物电镀工艺（部分暂缓淘汰），环境保护部（现为生态环境部）、国家发展和改革委员会等也制定了包括《电镀污染物排放标准》《电镀行业清洁生产评价指标体系》《电镀废水治理工程技术规范》等在内的具有针对性的相关标准和技术规范。目前国内电镀行业的管理和发展正逐步走向规范化和科学化。

2.1.2　电镀行业发展特点

随着《产业结构调整指导目录》（2011 年本）的发布，电镀行业正式大规模进入产业结构调整和转型阶段。部分省市也针对电镀行业规范管理发布了地方性管理文件，如江苏省《关于深入推进太湖流域电镀行业环保整治的通知》（苏环办〔2017〕385 号）、《浙江省电镀产业环境准入指导意见》（浙环发〔2010〕30 号）、《福建省电镀行业污染防治工作指南（试行）》（闽环保固体〔2020〕6 号）等，均明确了电镀行业的准入门槛。现阶段我国的电镀行业正处于产业结构调整和转型的中间时期，具备以下发展特点。

（1）电镀企业入园进区。电镀行业是跨部门的加工行业，长期以来未得到有效统一管理，产业结构调整前电镀工业发展缺少总体的、完整的规划，存在布点多且分散的现象。在政府或行业规划的大力引导下，各大中型城市的电镀及相关服务企业正向电镀集中区集聚，形成污染物集中治理和综合利用的工业园区。

（2）逐步淘汰小规模企业。电镀行业主要为配套加工行业，在产业调整和转型前，除专业电镀企业和少数大企业内设电镀车间外，大多数电镀企业的规模都很小，专业化程度、装备水平及环保水平均较低，投资污染治理的意识及能力不高。这些企业多成立于 20 世纪八九十年代，数量多、分布散、规模小，生产工艺落后，部分属于手工作坊式企业，环境治理设施陈旧，周边地块、河道等存在重金属污染隐患。早期这些电镀企业中备有治理设施的占 70%～80%，其中较完善的仅占60%，许多企业的治理设施时开时停，能较正常运转的比例低，不能做到稳定达标排放，大部分企业废水回用率偏低，甚至无中水回用设施。

（3）逐步提升电镀技术水平，大幅降低资源消耗。电镀企业大量使用各种贵重金属、能源和水资源，产业调整和转型前资源利用率低。据调查，汽摩配行业电镀线镀锌的锌板及氧化剂利用率为80%，电镀铜、镍利用率平均为70%，镀铬的铬酐利用率仅为10%。此外，电镀行业单位面积的物耗、水耗和能耗都较高，与国外先进水平相差甚远。以用水量为例，国外电镀的镀件用水量为 0.08 t/m^2，国内平均用水量为 0.82 t/m^2，是国外用水量的10倍左右。为进一步提高水资源循环利用率，降低资源消耗，江苏省《关于深入推进太湖流域电镀行业环保整治的通知》（苏环办〔2017〕385号）要求电镀企业水的重复利用率满足环评及批复要求，并不低于30%;《浙江省电镀产业环境准入指导意见》（浙环发〔2010〕30号）要求电镀生产企业必须采用工业废水回用、多级回收、逆流漂洗等节水型清洁生产工艺，水循环回用率不得低于50%，禁止采用单级漂洗或直接冲洗等落后工艺;《福建省电镀行业污染防治工作指南（试行）》（闽环保固体〔2020〕6号）要求废水自行单独处理的电镀企业中水循环回用率不小于50%。一些污染严重的电镀工艺，正逐步被清洁电镀工艺取代，如无氰电镀、代镉镀、代铬镀等工艺。

（4）大力推行电镀行业强制性清洁生产审核。清洁生产的理念是采取设计改进、清洁能源和原料替代、先进工艺技术与设备更新、管理改善、综合利用等措施，从源头削减污染，提高资源利用率，减少或者避免生产、服务和产品使用过程中污染物的产生和排放，以减轻或者消除对人类健康和环境的危害。电镀企业属于高资源消耗、高污染行业，产生的“三废”会严重污染环境，威胁环境和人类健康。传统的末端治理，难以有效地解决当前严重的环境污染问题，同时也给企业带来沉重的经济压力。可见，电镀行业实施清洁生产是大势所趋。

电镀企业清洁生产对生产工艺与装备提出要求，其中包括：①采用清洁生产工艺。工艺取向是无氰、无氟或低氟、低毒、低浓度、低能耗、少用络合剂，使用金属回收工艺，淘汰重污染化学品，如铅、镉、汞等。②清洁生产过程控制。优化和精确控制加工时间及温度，及时补加和调整溶液，定期去除溶液中的杂质，电镀溶液连续过滤等。③电镀生产线要求。电镀生产线和电镀装备（整流电源、风机、加热设施等）采用节能措施，70%生产线实现自动化或半自动化。④有节水设施。根据工艺选择逆流漂洗、淋洗、喷洗，电镀无单槽清洗等节水方式，并配备在线水回收设施和用水计量装置。

此外，污染物产生和管理方面也有相应的要求：①电镀废水须得到相应的处理并满足《电镀污染物排放标准》（GB 21900—2008）。②重金属污染预防措施：电镀污泥和废液在企业内回收或送到有资质单位回收重金属。③危险废物污染预防措施：定量检测和记录镀液成分、杂质成分和产品质量。④危险化学品管理符合《危险化学品安全管理条例》相关要求。⑤设备和车间维护管理：设备无跑、冒、滴、漏，有可靠的防范措施，挂具有可靠的绝缘涂覆，极杠及时清理，生产作业地面及污水系统采取防腐、防渗措施等。⑥废水、废气处理设施运行管理：非电镀车间废水不得混入电镀废水处理系统，废水处理设施具备中控系统，可实现自动加药、自动监测等功能，废气净化设施运行正常并定期检测维护。

2.2　电镀生产工艺、设备和布局

2.2.1　电镀生产工艺及原辅料

电镀生产工艺大致可以分为镀前处理、电镀以及镀后处理三个环节。典型电镀生产工艺流程可大致描述为：镀前处理→镀件清洗→电镀处理→镀件清洗→镀后处理→镀件清洗。

镀前处理工序（除油、除锈）、电镀工序和镀后处理工序（除氢、钝化）等各阶段均有污染物排放，主要的排放方式为废水、废气及固废。

典型电镀企业工艺流程及产污环节如图 2-1 所示。

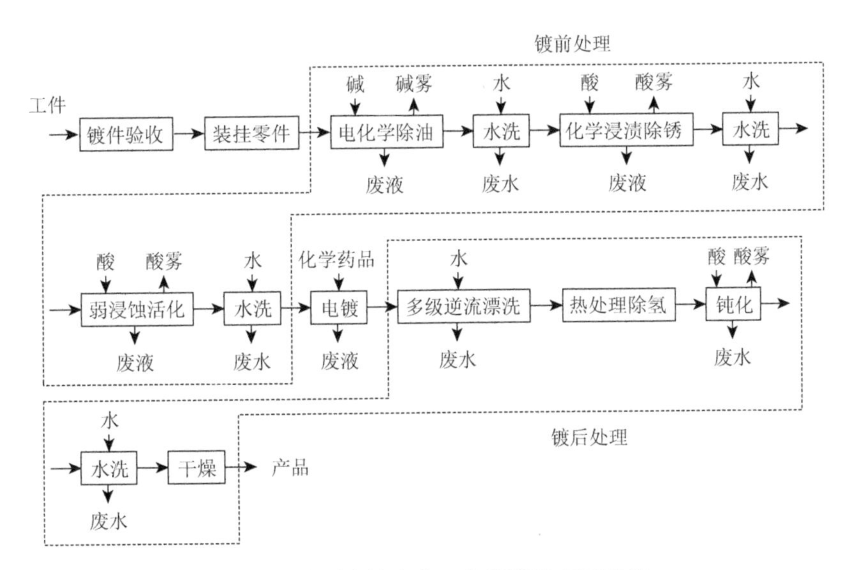

图 2-1　典型电镀企业工艺流程及产污环节

1. 镀前处理

镀前处理就是通过整平、除油、除锈、活化等手段，使制件表面状态适合进行电镀操作。电镀生产中根据制件的情况选择镀前处理工序，并非都要经过所有工序。

1）整平

通常所说的整平处理是对制件材料的粗糙表面进行机械整平，包括磨光、抛光、刷光、滚光、喷砂等方法。此过程主要为机械物理过程（不包括化学抛光和电化学抛光），因此不涉及化学品的使用。但是在对金属部件的机械抛光过程中会产生金属粉尘，处置不当可能产生污染及存在安全隐患。

2）除油

制件材料表面的油污会影响电镀覆盖层与制件材料的结合力，出现起皮、起泡等现象，造成镀层结合不牢。因此，电镀之前必须清除制件表面上的油污。根据制件材料及表面油污性质不同，所选用的除油工艺可分为有机溶剂除油、化学除油、电化学除油等。除油工艺中涉及的化学品主要包括有机溶剂和无机碱性试剂等，详见表 2-1。

表 2-1　除油工艺中所涉及的常用化学品清单

工艺名称	常用化学品清单
有机溶剂除油	乙醇、丙酮、苯、甲苯、汽油、三氯乙烯、三氯乙烷、四氯乙烯、四氯化碳等
化学除油	碳酸钠、氢氧化钠、磷酸三钠、水玻璃、各类乳化剂等
电化学除油	碳酸钠、氢氧化钠、磷酸三钠、水玻璃等

3）除锈

除锈是电镀前准备工作的主要组成部分之一。制件材料表面除锈的方法主要有机械法、化学法、电化学法和盐浴法四类。机械法除锈过程与整平处理相同，通过机械物理过程（磨光、抛光等）剥离制件表面锈层。化学法（化学浸蚀）和电化学法（电化学浸蚀）主要利用酸或碱溶液对制件材料进行浸蚀处理，通过化学作用和浸蚀过程产生氢气泡的机械剥离作用去除制件表面锈层，在浸蚀液中添加缓释剂，能有效减少浸蚀（主要为酸浸蚀）过程中制件材料的溶解。化学浸蚀工艺中常用的浸蚀剂和缓释剂清单如表 2-2 所示。盐浴法是根据不同盐类在一定条件下与制件表面的金属氧化物发生化学反应，氧化物层与金属制件的膨胀系数不同使锈垢与金属制件分离而脱落来达到除锈目的的。

表 2-2　化学浸蚀工艺中常用的浸蚀剂和缓释剂清单

浸蚀剂	缓释剂
硫酸	胺、吡啶及其衍生物、硫脲及其衍生物等
盐酸	烷基胺、芳香胺、饱和及不饱和氮环化合物、硫脲及其衍生物、磷酸三丁酯等
硝酸	硫脲和硫化钠混合物、吲哚和硫化钠混合物等
磷酸、铬酐、氢氟酸	尿素、磺化动物蛋白、皂荚浸出液、硫脲等

4）活化

根据镀种的不同，在电镀操作前，部分制件材料还需经过一定的活化。例如，电镀铬前，需要用硫酸、硫酸铵、磷酸等活化制件材料；电镀镍时，一般要进行弱浸蚀活化处理等。

2. 电镀处理

电镀是利用电解方法在制件表面沉积均匀、致密、结合良好的金属或合金层的表面加工方法。电镀技术包括挂镀、滚镀、刷镀、自动镀和连续镀等。其中，挂镀、滚镀技术常用于小制件的电镀，而自动镀和连续镀适用于线材和带材。通常根据镀层金属的差异，电镀主要分为镀锌、镀铜、镀镍、镀铬以及其他镀种，其中镀锌占45%～50%，镀铜、镀镍、镀铬占30%，电子产品镀铅、锡、金、银约占5%。各主要常规电镀镀种及其原辅料清单见表2-3。含有毒有害氰化物电镀工艺（电镀金、银、铜基合金及予镀铜打底工艺除外）已被《产业结构调整指导目录》（2019年本）列为淘汰的落后工艺。

表2-3 各主要常规电镀镀种及其原辅料清单

镀种	电镀工艺	原辅料清单
镀锌	锌酸盐镀锌	氧化锌、氢氧化钠、三乙醇胺、光亮剂等
	氰化物镀锌	氧化锌、氰化钠、氢氧化钠、光亮剂等
	硫酸盐镀锌	硫酸锌、硫酸铝、明矾、硫酸钠、糊精、硼酸、氢氧化钠、光亮剂等
	氯化物镀锌	氯化锌、氯化钾、硼酸、柠檬酸钾、光亮剂等
镀铜	氰化物镀铜	氰化铜、氰化钠、碳酸钠、氢氧化钠、酒石酸钾钠、三乙醇胺、光亮剂、乙酸铅等
	硫酸盐镀铜	硫酸铜、硫酸、葡萄糖、光亮剂
	羟基亚乙基二膦酸镀铜（代氰铜工艺）	硫酸铜/碳酸铜/氢氧化铜/乙酸铜、羟基亚乙基二膦酸、碳酸钾、2-硫脲吡啶等
	柠檬酸盐镀铜	碱式碳酸铜、柠檬酸、酒石酸钾、碳酸钾、氢氧化钾、光亮剂等
	酒石酸盐镀铜	硝酸铜、酒石酸钾钠、硝酸钾、氯化铵、三乙醇胺、聚乙烯亚胺烷基盐等
	焦磷酸盐镀铜	焦磷酸铜、焦磷酸钾、柠檬酸铵、氨水、二氧化硒、2-巯基苯并咪唑、2-巯基苯并噻唑、酒石酸钾钠等
镀镍	普通镀镍	硫酸镍、氯化镍、硼酸、硫酸钠、硫酸镁、双氧水、氟化钠、十二烷基磺酸钠等
	光亮镀镍	硫酸镍、氯化镍、硼酸、硫酸钠、硫酸镁、双氧水、氟化钠、十二烷基磺酸钠、光亮剂等
	双层镀镍（半光亮镀镍+光亮镀镍）	硫酸镍、氯化镍、硼酸、硫酸钠、硫酸镁、双氧水、氟化钠、十二烷基磺酸钠、光亮剂等

续表

镀种	电镀工艺	原辅料清单
镀镍	多层镀镍（半光亮镀镍+高硫镍+光亮镀镍）	硫酸镍、氯化镍、硼酸、硫酸钠、硫酸镁、双氧水、氟化钠、十二烷基磺酸钠、糖精、光亮剂等
	氨基磺酸盐镀镍	氨基磺酸镍、氯化镍、硼酸等
	柠檬酸盐镀镍	硫酸镍、氯化镍、柠檬酸钠、氯化钠、硼酸、硫酸镁、硫酸钠等
	装饰性镀镍	硫酸镍、氯化镍、硼酸、对甲苯磺酰胺等
镀铬	装饰性镀铬	铬酐、硫酸、三价铬、氟硅酸钾等
	镀硬铬及松孔铬	铬酐、硫酸、氟硅酸等
	镀黑铬	铬酐、硝酸钠、硼酸、亚铁氰化钾、氟硅酸、碳酸钡、氟化钾、硝酸、硝酸铬、氟硅酸钠等
	特殊防护性镀铬	铬酐、硫酸、三价铬、氟硅酸、硒酸钠、氟硅酸钾等
	稀土镀铬	铬酐、硫酸、三价铬、氟硅酸钾、稀土化合物等
	有机添加剂镀铬	铬酐、硫酸、硼酸、低碳烷基磺酸、碘酸盐等
	三价铬盐镀铬	氯化铬、硫酸铬、甲酸钾、甲酸铵、草酸铵、氯化铵、溴化铵、氯化钾、乙酸钠、硼酸、硫酸钠、硫酸等
镀锡	碱性镀锡	锡酸钠、锡酸钾、氢氧化钠、锡板、乙酸钠/钾、双氧水等
	酸性镀锡	硫酸亚锡、硫酸、酚磺酸、硼酸、β-萘酚、苯酚、光亮剂等
	氟硼酸盐镀锡	氟硼酸亚锡、氟硼酸、明胶、甲醛、光亮剂等
	卤化物镀锡	卤化亚锡、氟化氢铵、氟化钠、柠檬酸、氨三乙酸、聚乙二醇等
	有机磺酸盐镀锡	硫酸亚锡、氨基磺酸、二羟基二苯砜等
	晶纹镀锡	硫酸亚锡、硫酸、酚磺酸、硼酸、β-萘酚、苯酚、光亮剂等
镀金	氰化碱性镀金	氰化金钾、氰化钾等
	氰化中性镀金	氰化金钾、磷酸氢二钾、乙二胺四乙酸等
	氰化弱酸性镀金	氰化金钾、柠檬酸、光亮剂等
	硫酸盐镀金	三氯化金、亚硫酸金钠、亚硫酸钠、柠檬酸钾等
	脉冲镀金	氰化金钾、柠檬酸铵、酒石酸锑钾等
镀银	镀银前处理	氰化银、氰化钾、碳酸钾、硝酸银、硫脲、金属银、汞盐等
	氰化物镀银	氰化银、银氰化钾、氯化银、碳酸钾、碳酸氢钾、酒石酸钾钠、光亮剂等
	硫代硫酸盐镀银	硝酸银、硫代硫酸铵、硫代硫酸钠、焦亚硫酸钾、乙酸铵、亚硫酸钠等
	亚氨基二磺酸铵镀银	硝酸银、亚氨基二磺酸铵、硫酸铵、柠檬酸铵等
	烟酸镀银	硝酸银、烟酸、乙酸铵、碳酸钾、氢氧化钾、氨水等
	咪唑-磺基水杨酸镀银	硝酸银、咪唑、磺基水杨酸、乙酸钾等
	丁二酰亚胺镀银	硝酸银、丁二酰亚胺、焦磷酸钾等
	甲基磺酸盐镀银	甲基磺酸银、甲基磺酸、柠檬酸、硫脲、2-巯基苯并噻唑、光亮剂等

在电镀快速发展的 20 世纪八九十年代，多数小型电镀企业以手工生产为主；而在当今电镀产业调整转型阶段，工业和信息化部对电镀企业的自动化生产水平提出相应的要求，规定品种单一、连续性生产的电镀企业的自动生产线、半自动生产线比例要达到 70%以上。

1）镀锌

镀锌是电镀行业生产最多的金属镀种，具有经济性和易镀覆等优点。镀锌常用于保护钢铁件，提高钢铁的耐蚀性及使用寿命，特别是防止大气腐蚀，同时增加产品的装饰性外观。常用的镀锌工艺包括锌酸盐镀锌、氯化物镀锌、硫酸盐镀锌、氰化物镀锌等。

2）镀铜

镀铜是电镀工业中使用最广泛的一种预镀层，主要作为镀镍、镀银和镀金的底层或中间镀层，用于改善制件金属和表面镀层的结合力，减少镀层孔隙，提高镀层的耐腐蚀性能等。铜镀层还可用于局部的防渗碳、印制板孔金属化，并作为印刷辊的表面层。经化学处理后的彩色铜层，涂上有机膜，还可用于装饰。在电子行业，在钢丝线上镀厚铜生产的镀锡铜包钢线（CP 线）是纯铜线良好的替代品；在塑料行业，化学镀铜层常作为导电层使用。常用的镀铜工艺包括氰化物镀铜、硫酸盐镀铜、焦磷酸盐镀铜等。新型代氰镀铜工艺有羟基亚乙基二膦酸镀铜、柠檬酸盐镀铜、酒石酸盐镀铜等，但工艺成熟度不够，应用不广。

3）镀镍

镀镍主要用作防护装饰性镀层。钢铁制件材料的镀镍层孔隙率高，需要足够厚（40～50 μm）才能起到相应的防腐蚀作用，或预镀铜层作为底层电镀。电镀镍广泛用于汽车、自行车、钟表、医疗器械、仪器仪表和日用五金等方面。常用的镀镍工艺包括普通镀镍（电镀暗镍）、光亮镀镍、双层镀镍（半光亮镀镍+光亮镀镍）、多层镀镍（半光亮镀镍+高硫镍+光亮镀镍）等。

4）镀铬

镀铬广泛用于防护-装饰性镀层体系的外表层和功能镀层。镀铬层拥有良好的化学稳定性，在碱、硫化物、硝酸和大多数有机酸中均不发生反应，且能长久不变色，保持良好的反射能力。镀铬的用途广泛，例如，防护-装饰性镀铬常用于汽车、自行车、钟表、仪器仪表、日用五金等零部件的防护和装饰；镀硬铬常用于模具、轴承、轴、量具、齿轮等的耐磨性镀层；镀黑铬常用于航空仪表及光学仪器的零部件、太阳能吸收板等的防护与装饰。常用的镀铬工艺包括装饰性镀铬、镀硬铬、镀松孔铬、镀黑铬、镀乳白铬、特殊防护性镀铬等。为满足人们对环境保护的需求，在传统镀铬的基础上又相继发展出了低浓度镀铬、稀土镀铬、有机添加剂镀铬、三价铬盐镀铬等环保镀铬工艺。

5）镀锡

锡镀层由于其优良的抗蚀性和可焊性已被广泛应用于电子工业中作为电子元器件、线材、印制线路板和集成电路块的保护性和可焊性镀层。常用的镀锡工艺包括碱性镀锡、酸性镀锡、氟硼酸盐镀锡、卤化物镀锡、有机磺酸盐镀锡等。

6）镀金

镀金主要作为装饰性镀层，广泛应用于首饰、钟表制件、艺术品等。一些对电参数性能长期稳定性有较高需求的物品，如精密仪器仪表、印刷板、集成电路、电子管壳、电接点等，也常采用镀金保证其稳定的导电性能。常用的镀金工艺包括氰化碱性镀金、氰化中性镀金、氰化弱酸性镀金、硫酸盐镀金等。

7）镀银

镀银主要分为装饰性镀层和功能性镀层，广泛应用于反光镜、餐具、乐器、首饰等装饰性镀层以及仪器仪表、电子工业的导电性镀层。常用的镀银工艺包括氰化物镀银、硫代硫酸盐镀银以及其他无氰镀银工艺等。镀银的常规制件材料铜、铁及合金等，其与镀银液会发生置换反应导致银镀层与制件的结合力差且污染镀液，因此在镀银前必须进行特殊预处理。镀银预处理工艺包括预镀银、浸银和汞齐化。汞齐化处理主要用于铜或铜合金制件材料镀银前处理过程，已被《产业结构调整指导目录》（2019 年本）列为淘汰工艺。

8）镀镉

镉在海洋性的大气或海水接触的制件及在 70℃以上的热水中比较稳定，耐蚀性强，故镀镉常用于海洋性环境使用的镀层，用于保护钢和铸铁免遭腐蚀。常见的镀镉工艺包括氰化物镀镉、氨酸络合剂镀镉和酸性镀镉等。由于含镉蒸气及其可溶性盐是剧毒品，严重污染环境，民用产品的镀镉层已被镀锌层和锌合金层取代。

9）镀锡铅合金

镀锡铅合金在工业应用中不常见，主要用作轴瓦、轴套的减摩镀层，钢带表面润滑、助黏、助焊的镀层以及防止海水或其他介质腐蚀的防护性镀层。常见的镀锡铅合金工艺包括氟硼酸盐电镀、氨基磺酸盐电镀、烷醇磺酸盐电镀、柠檬酸盐电镀等。

3. 镀后处理

镀后处理主要是为了提高镀层的耐腐蚀性能或者保持镀层原有的特性，其中主要的镀后处理包括除氢处理、钝化处理、出光处理、退镀处理。

1）除氢处理

制件材料在除锈、电化学除油和电镀过程中会形成游离态氢渗入镀层和制件材料的晶格中，产生氢脆现象，影响产品使用寿命。除氢处理一般采用热处理的方式把原子态的氢驱逐出来，这个工序一般在钝化之前，这样不会导致钝化层的破裂。

2）钝化处理

钝化处理是指在一定的溶液中进行化学或电化学处理，在镀层上形成一层坚实致密、高稳定性薄膜的表面处理方法，钝化使镀层的耐腐蚀性能进一步提高，并且增加了镀层的表面光泽和抗污染能力。钝化处理按照钝化膜的化学成分可分为无机盐钝化和有机类钝化两类；根据钝化膜组成成分对人体的危害性可分为铬酸钝化和无铬钝化。目前国内主要还是以铬酸钝化为主，根据钝化液中铬酐浓度可以划分为高铬钝化、低铬钝化以及超低铬钝化。其中，高铬钝化工艺铬酐浓度在 250 g/L 左右，低铬钝化在 5 g/L 左右，超低铬钝化液铬酐浓度在 2 g/L。无铬钝化主要通过非铬酸的钝化氧化剂对镀件进行处理，包括钛酸盐、钨酸盐、钼酸盐、稀土、单宁酸、植酸和树脂等。无铬钝化体系具有安全环保等特点，已在电镀行业清洁生产中被推广使用，但是其耐蚀性能和外观均弱于铬酸钝化，无法满足一般五金镀件的要求，因此无法完全取代铬酸钝化。

3）出光处理

出光处理是为了完善镀件的外观，使镀层表面平整、光亮、有钝化膜光泽。一般出光处理所使用的化学药剂包括稀硝酸、盐酸、柠檬酸、硫酸、铬酐等。此外，出光处理后的镀层外观还可以反映镀层中是否含大量杂质。

4）退镀处理

当镀件的镀层不合格时，需根据其制件材质和镀层种类选择合适的退镀方式进行退镀处理，其处理方式包括电解处理、浸渍处理和溶解处理等，常规退镀处理如表 2-4 所示，使用的化学试剂主要为各类无机强酸强碱。

表 2-4　常规退镀处理

镀层种类	制件材质	退镀处理
镀锌层	铝	浓硝酸（65%）浸渍
	铜、黄铜	135 g/L 氢氧化钠加热阳极电解，盐酸溶解
	钢铁	HCl（37%）溶解
镀铜层	铝	浓硝酸（65%）浸渍，硫酸（65%）、甘油（5%）阳极退除
	钢铁	发烟硝酸浸渍，铬酸浸渍，加微量盐酸加速退镀
	锌合金	硫酸和硝酸混合浸渍
镀金层	铝	浓硫酸阳极电解处理
	铜、黄铜	浓硫酸和乳酸混合浸渍
	钢铁	氰化钠（75～94 g/L），氢氧化钠（12～16 g/L），阳极电解处理
镀银层	铝、锌	硝酸（30%）浸渍
	铁、镍、锡	氰化钠溶液浸渍
	铜、黄铜、白铜	硫酸和硝酸混合浸渍后用盐酸处理

续表

镀层种类	制件材质	退镀处理
镀铬层	铝	盐酸（65%）和甘油（5%）阳极电解处理
	镍、镍钴合金	氢氧化钠（187 g/L）阳极电解处理
	钢铁	碳酸钠（50 g/L）阳极电解处理
镀镍层	铝、铜、钢铁、锌	硫酸（65%）和甘油阳极电解处理
	钢铁	硝酸和硫酸混合浸渍，铬酸溶液处理
	锡、铅锡合金	盐酸电解处理
镀铅层	铝	硝酸（30%）浸渍
	钢铁	铬酸钾、氢氧化钠饱和溶液处理
	黄铜、白铜、镍	氢氧化钠（100 g/L）阳极电解处理
镀锡层	钢铁	乙酸铅、氢氧化钠溶液处理
	铜、黄铜	硫酸铜、氯化铁、乙酸混合溶液处理
	铜、黄铜、钴镍	盐酸、氧化锑溶液浸渍

2.2.2 电镀生产主要产排污设备

在电镀生产过程中涉及污染物排放的设备主要包括电镀槽、输送设备、通风及废气处理设备、过滤设备、锅炉和废水处理设备等。

1. 电镀槽

电镀槽是电镀生产工艺中主要的生产设备，也是电镀的反应容器，按照不同的功能可以分为除油槽、清洗槽、浸蚀槽、镀槽。按电镀槽的结构材质可分为金属材质电镀槽、有机高聚物材质电镀槽和砖石材质电镀槽三种（图 2-2）。具体有钛电镀槽（耐酸碱类溶液腐蚀）、聚丙烯（polypropylene，PP）材质、PVC 材质、聚偏氟乙烯（polyvinylidene fluoride，PVDF）材质、玻璃钢材质、不锈钢材质、砌花岗岩材质、聚四氟乙烯材质（可以在任何酸里使用）等各种材质的槽体。其中，砖砼结构槽体已被列为淘汰设备。

1）除油槽

除油槽用于电镀前处理中的除油工序。不同的除油工艺，通常使用不同材质的除油槽，特别是选用有机溶剂，如三氯乙烯、四氯化碳等除油时需要专用设备。目前通用的除油槽以 PP 和 PVC 材料为主。

2）清洗槽

清洗槽在电镀工艺中使用频繁，电镀前处理和电镀后处理环节的制件材料均需进行清洗，这也是产生酸碱废水的主要环节。清洗槽按工艺过程可以分为单级清洗和多级清洗。目前清洗槽多采用多级逆流漂洗槽，其既提高了清洗的质量，又减少了废水量的产生。

(a) 不锈钢材质电镀槽体

(b) PVC材质电镀槽体

(c) 花岗岩材质电镀槽体

图 2-2　三种常规材质电镀槽①

3）浸蚀槽

浸蚀槽用于除锈环节，需根据不同的浸蚀条件选择耐酸衬里。

4）镀槽

镀槽用来盛放溶液，是电镀反应发生的容器。阴极移动电镀槽由钢槽衬软聚氯乙烯塑料的槽体、导电装置、蒸汽加热管及阴极移动装置等组成。槽体也可用钢架衬硬聚氯乙烯塑料制造，槽体结构的选择取决于电镀槽液的性质和温度等因素。制作电镀槽衬里所用材料由所盛装电解液的性质决定，常用的有聚氯乙烯、聚丙烯硬（软）板材、钛板、铅板、陶瓷等。当衬里发生损坏时容易产生镀液泄漏，尤其是镀铬槽的铅衬里易因机械振动出现损坏，导致镀铬液的渗漏和铅酸渗出，造成严重的污染。

不同电镀方式，如挂镀、滚镀、刷镀和连续镀等，其电镀槽的形状和结构各有不同（图 2-3）。

① 扫描封底二维码，可见本图彩图。全书同。

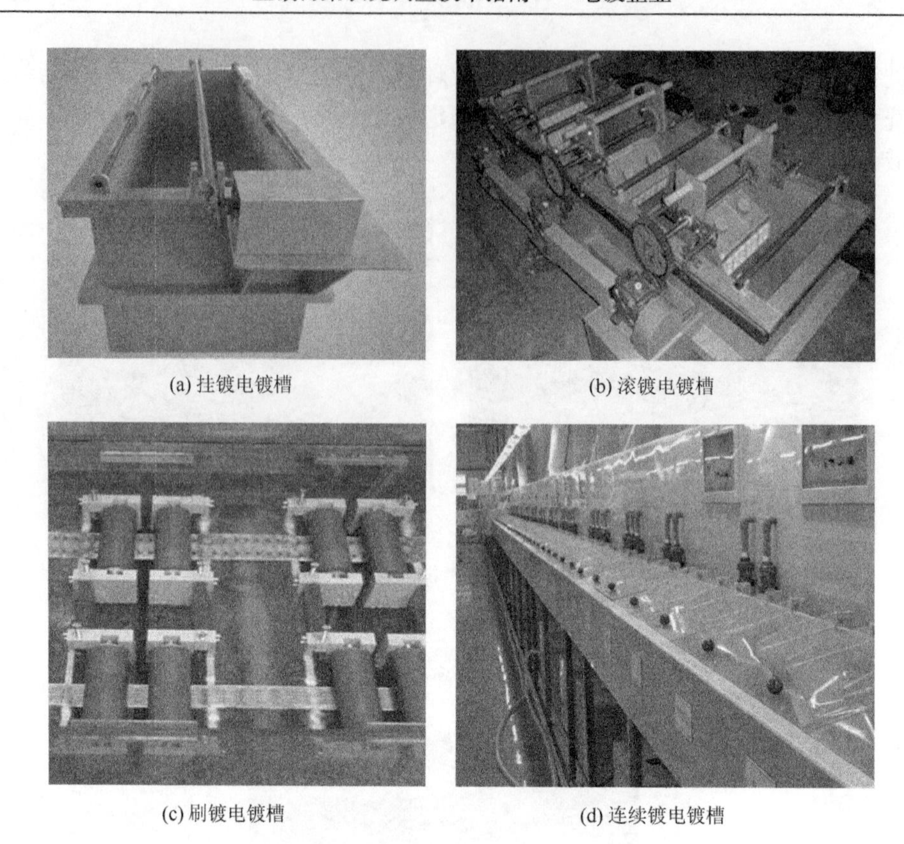

(a) 挂镀电镀槽　(b) 滚镀电镀槽

(c) 刷镀电镀槽　(d) 连续镀电镀槽

图 2-3　不同电镀方式采用的电镀槽

2. 输送设备

电镀中需要使用大量强酸和强碱等溶液，根据用量的不同通常采用人工运输和管路输送。人工运输一般为手推车配合卸酸装置，卸酸装置可以为卸酸泵或压缩空气输送装置等。常用的管路输送包括高位槽自流输送装置、负压吸酸装置等（图 2-4）。运输管路的腐蚀泄漏和工人运输过程中的不规范操作是电镀生产中产生污染的环节之一。

3. 通风及废气处理设备

通风设备主要用于去除电镀车间磨抛光工段、浸蚀除油工段以及电镀工段产生的有毒有害气体和粉尘。按《电镀污染物排放标准》（GB 21900—2008）规定，电镀企业必须配备废气净化装置，废气排放符合国家或地方大气污染物排放标准。目前废气处理装置主要为喷淋塔和吸收塔（图 2-5），主要工作流程包括：①将废气由通风管路吸入，自下而上穿过填料层；②循环吸收剂由塔顶通过液体分布器，喷淋到填料层；③废气中的有害物质与循环吸收剂接触并溶解吸收后，随吸收剂进入循环水箱，无法被吸收的气体到达塔顶被排出。

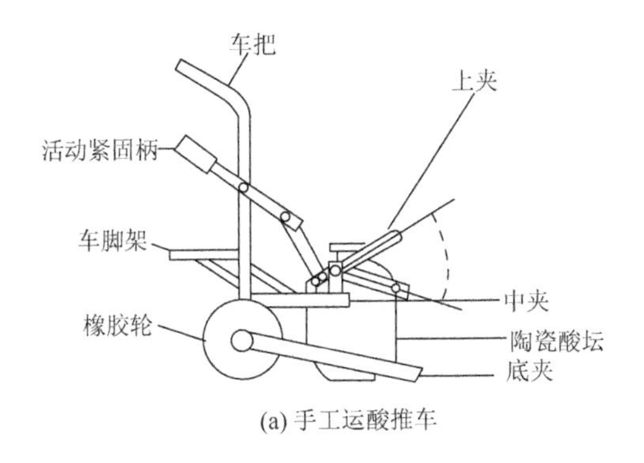

(a) 手工运酸推车

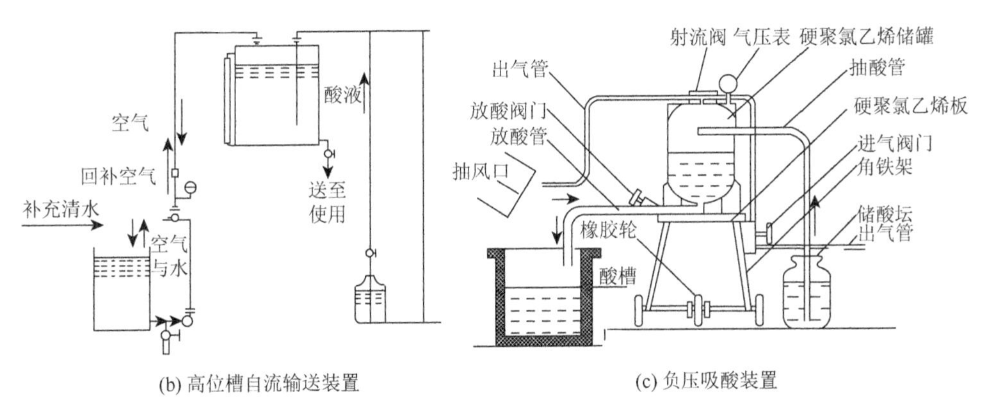

(b) 高位槽自流输送装置　　(c) 负压吸酸装置

图 2-4　人工运输/管路输送装置及其原理示意图

图 2-5　废气处理装置

4. 过滤设备

过滤设备主要用于过滤镀液，以获得洁净的镀液，通常采用加压过滤法（图 2-6）。过滤产生的高浓度重金属污泥是电镀固废产生的主要环节之一。

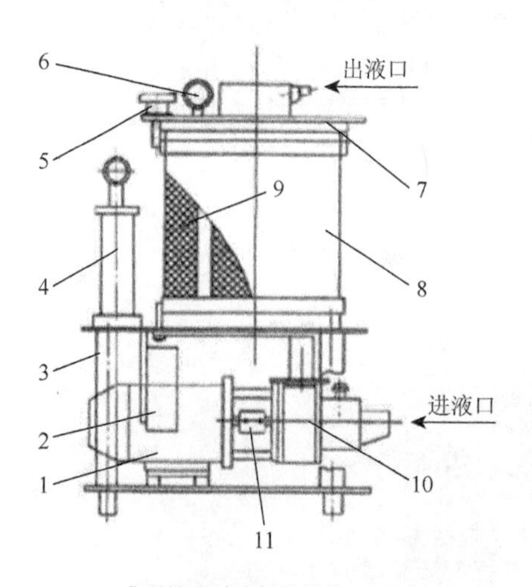

典型筒式过滤机的结构

1-电动机；2-磁力起动器；3-机架；4-抽气装置；5-压紧手柄；6-压力表；7-筒盖；8-滤筒；9-滤芯；10-水泵；11-连轴节

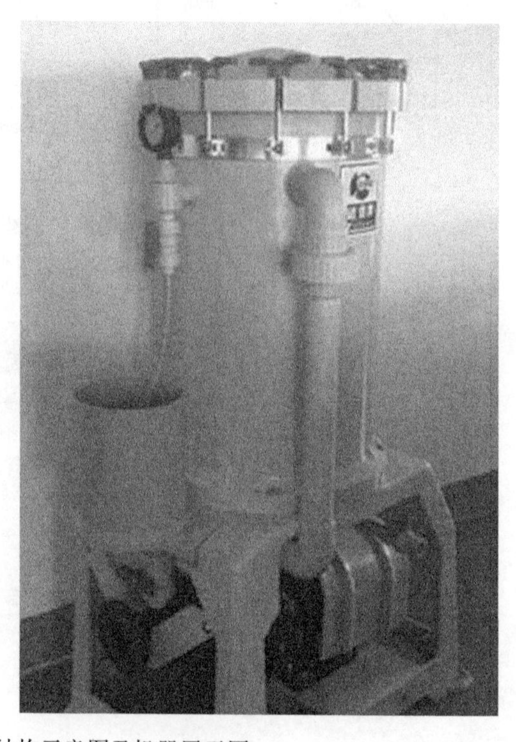

图 2-6　过滤设备结构示意图及机器展示图

5. 锅炉

锅炉主要用于需进行加热的电镀生产工艺中，如电镀、除油、退镀处理等。根据能源不同，分为燃煤式和燃气式锅炉两种（图 2-7）。其中，燃煤式锅炉常见于生产工艺落后、技术水平较低的手工电镀企业，煤炭堆放会引起相应的污染。

(a)

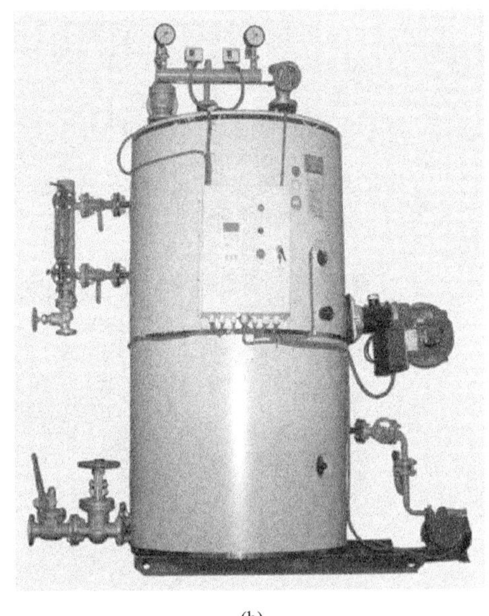

(b)

图 2-7　燃煤式锅炉（a）和燃气式锅炉（b）

6. 废水处理设备

电镀生产过程会产生大量的废水或废液，其含有大量离子，如铬离子、镍离子，氰、酸或碱，也常含有机添加剂。废水处理不合格是电镀废水造成环境污染的重要原因。电镀废水处理过程也是电镀污泥产生的主要环节。电镀企业应有合格废水处理设施，电镀企业和拥有电镀设施企业经处理后的废水需符合《电镀污染物排放标准》（GB 21900—2008）限值要求或地方水污染物排放标准。

我国处理电镀废水常用的方法有化学法、生物法、物化法和电化学法等，其中，化学法由于设备简单、投资少，被广泛应用。常用的化学法有中和沉淀法、中和混凝沉淀法、氧化法、还原法、钡盐法、铁氧体法等。电镀废水处理设备按构筑物形式可以分为地埋式装置和地上式装置两类。中小型电镀企业多采用地埋式废水处理装置，典型地埋式电镀废水处理装置如图 2-8 所示，主要包括酸解池、生化池、沉淀池和消毒池、污泥池等，具有占地面积小、能耗低、运行经济、操作简单、投资费用低等优点。但是地埋装置的腐蚀渗漏较为隐蔽，一旦发生，会直接对土壤和地下水产生污染，因此设备的防腐防渗措施显得尤为重要。相对而言，地上装置的土壤、地下水污染风险相对较小，污染状况易于发现（图2-9）。

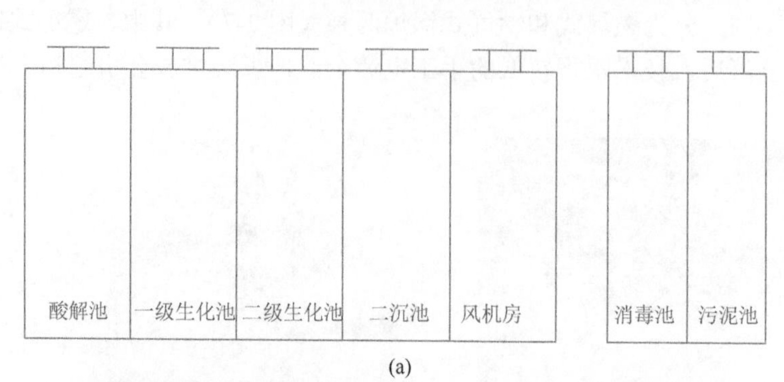

(a)

(b)

图2-8　地埋式电镀废水处理装置示意图（a）及现场图（b）

图2-9　地上式电镀废水处理装置

2.2.3 典型电镀工厂布局

电镀行业属于加工业，其存在形式包括独立的电镀生产加工企业和附属于某制造企业的电镀生产车间。作为附属生产车间存在时，电镀厂的布局根据所附属制造业的不同而差异较大，有的只包含电镀生产车间，有的还配备了专门的库房、污水处理设施等，这里不作过多讨论。当作为独立的电镀生产加工企业时，通常电镀厂包括以下设施。

（1）库房，包括材料库房、配件库房、成品库房和化学品存放库房等。

（2）电镀车间，根据镀种不同，可能存在多个电镀车间。

（3）设备房，用于放置电镀生产所需的设备，如运酸车等。

（4）污水处理设施，用于处理电镀废水。

（5）污水管线系统，用于运输电镀废水。

（6）雨水管线系统，用于厂区生活污水或雨水排放。

（7）各产废气的电镀工段配备废气处理设施，包括通风系统、废气处理系统、废气监测系统等。

（8）车间办公室。

此外，根据专业分工、生产调整和职工生活的需要，电镀厂可能还包括：

（1）酸洗车间，用于电镀镀件的清洗作业。

（2）镀前处理车间，如抛光车间等。

（3）独立的固体废弃物存储区。

（4）未投入使用的闲置车间。

（5）职工宿舍、厕所等生活设施。

典型的电镀厂布局如图2-10和图2-11所示，图2-10为西南地区某电镀企业工厂布局，其主要从事摩托车配件加工生产，镀种主要为镀镍和镀铬；图 2-11 为南京某电镀企业工厂布局，其主营五金部件加工，镀种包括镀锌、镀镍和镀铬。

除了正规的、具有经营资格的电镀企业外，我国还存在一些非法的家庭作坊式电镀厂，这些电镀厂一般以手工作业为主，电镀槽以砖砼结构槽体为主，无污水处理设施和通风设施，结构简陋，对环境造成严重污染。

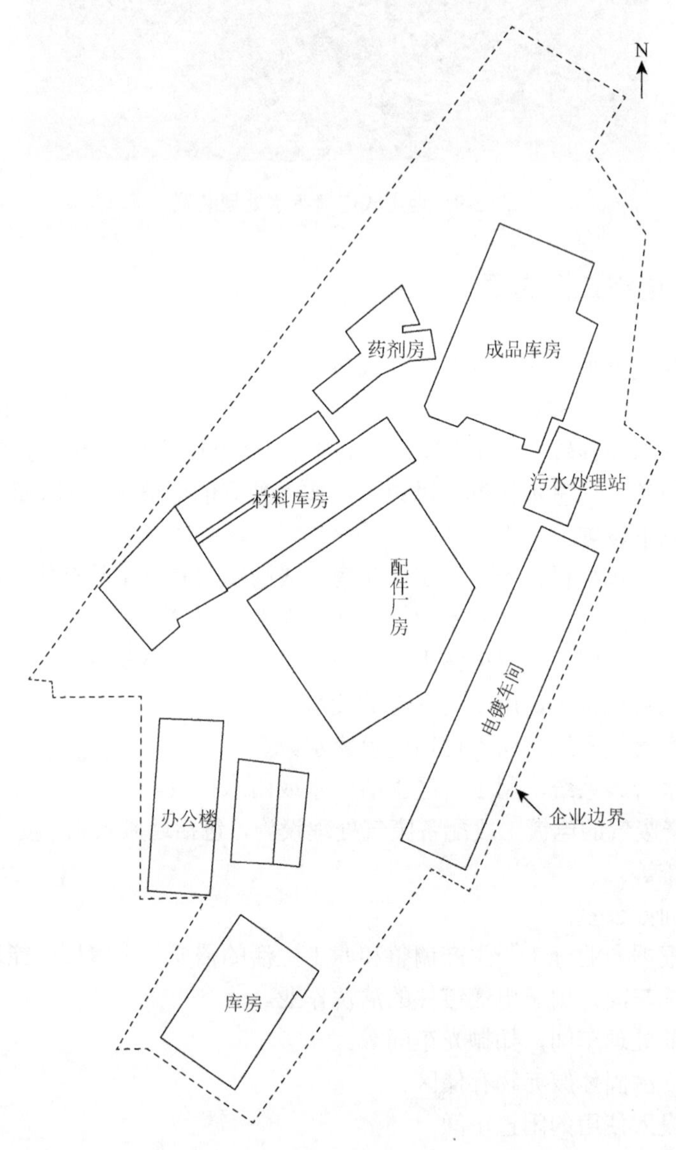

图 2-10　西南地区某电镀企业工厂布局

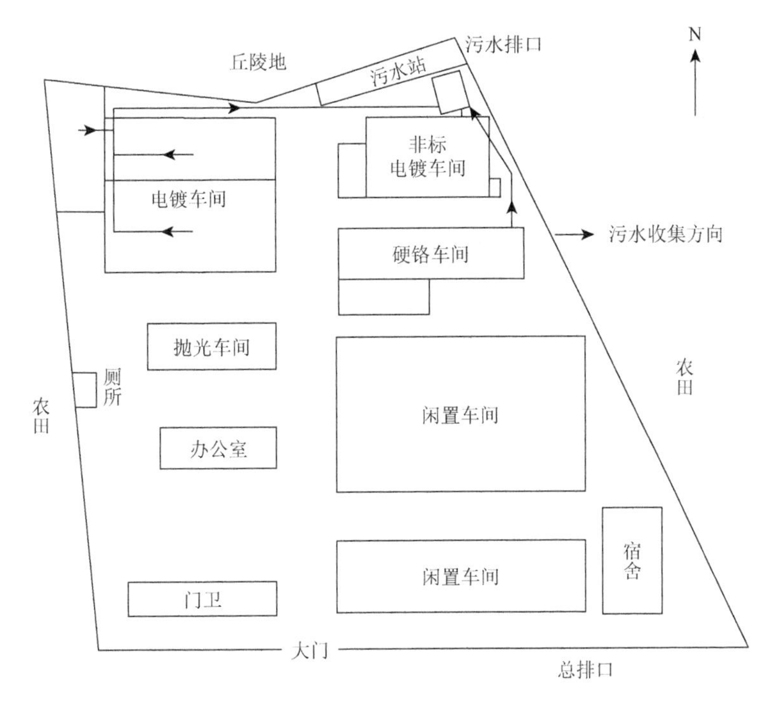

图 2-11　南京某电镀企业工厂布局

2.3　电镀行业污染源、污染物情况及特点

2.3.1　电镀污染源及污染物基本情况

电镀行业属于重污染行业，电镀生产过程中使用大量强酸、强碱、重金属溶液、氰化物、氯代烃、苯系物等有毒有害化学品，同时产生大量的工业“三废”。电镀行业的“三废”具有毒性高、浓度高、治理难度大、治理成本高等特点。国家相关部门明文规定电镀企业必须有废气净化装置，废气排放需符合国家或地方大气污染物排放标准；电镀企业必须有合格废水处理设施，电镀企业和拥有电镀设施的企业经处理后的废水需符合《电镀污染物排放标准》（GB 21900—2008）限值要求或地方水污染物排放标准；电镀企业产生的危险废物须按照《国家危险废物名录》和《危险废物贮存污染控制标准》（GB 18597—2023）要求，设置规范的分类收集容器进行分类收集，并按照《危险废物转移联单管理办法》要求，交由有处置相关危险废物资质的机构处置，并鼓励企业或危险废物处理机构进行资源再生或再利用。在如此严格的要求下，很多小型电镀企业的“三废”排放难以稳定达标，因而被逐步淘汰。

1. *废水污染源及污染物*

电镀工艺中的废水中主要含有重金属离子（六价铬、铜、镍）、酸、碱、氰化物等，同时还包含苯类、胺类等有机物，这些物质都具有不同程度的生物毒性，威胁环境和人类安全。废水主要来源如下。

（1）镀件清洗水：来自各级清洗槽，是电镀前处理和电镀后处理环节制件材料的清洗废水，也是主要的废水来源，其污染物主要为重金属离子和少量的有机物，具有浓度低、数量大、排放频繁等特点。

（2）废镀液排放水：主要包括工艺上所需的倒槽、过滤镀液后的废弃液、失效的电镀溶液等，其污染物以重金属离子为主，具有浓度高、污染大、回收价值高等特点，目前电镀行业清洁生产要求该废水用于资源再利用。

（3）镀前/镀后处理工艺废液排放：电镀前处理和电镀后处理各工艺环节的废液排放，其主要成分随处理工艺不同而差异较大，通常为各类强酸、强碱和有机溶剂等。

（4）辅助工序废水：废气洗涤废水、纯水制备系统树脂再生废水、实验室排水等。

（5）冲刷废水：生产车间冲洗废水、初期雨水等。

按照不同电镀镀种的废水中污染物种类，电镀废水可分为酸碱废水、含氰废水、含铬废水、含镍废水、含铜废水、含锌废水、含镉废水、含铅废水等。其中，含氰废水和含铬废水因其高致毒性而广受关注。含氰废水主要来源于氰化镀铜、镀锌、镀金、镀银、镀铜锡合金等，含氰电镀排出的废水主要污染物为氰化物和重金属离子（以络合态存在）。含氰沉锌前处理工艺和氰化镀锌工艺在《产业结构调整指导目录》（2019 年本）中已被列为淘汰工艺技术。由于电镀生产各工艺中均需使用铬酐，含铬废水出现在电镀生产的各个环节，主要来源于镀铬、镀黑铬、钝化、电抛光、铬酸盐化学氧化、铬酸阳极化、阳极化铬酸盐封闭等，废水中的主要污染物为六价铬和总铬。各类电镀废水中主要污染物及其来源详见表 2-5。

表 2-5 各类电镀废水中主要污染物及其来源

序号	废水种类	废水来源	主要污染物及水平
1	酸碱废水	镀前处理中的除油、腐蚀和浸酸、出光等中间工艺以及冲地坪等废水	硫酸、盐酸、硝酸等各种酸类和氢氧化钠、碳酸钠等各种碱类，以及各种盐类、表面活性剂、洗涤剂等，同时还含有铁、铜、铝等金属离子及油类、氧化铁皮、砂土等杂质。一般酸、碱废水混合后偏酸性，化学需氧量（chemical oxygen demand，COD）为 300～500 mg/L

续表

序号	废水种类	废水来源	主要污染物及水平
2	含氰废水	镀锌、镀铜、镀镉、镀金、镀银、镀合金等氰化镀	氰的络合金属离子、游离氰、氢氧化钠、碳酸钠等盐类，以及部分添加剂、光亮剂等。一般废水中氰浓度在50 mg/L以下，pH为8～11
3	含铬废水	镀铬、钝化、化学镀铬、阳极化处理等	六价铬、三价铬、铜、铁等金属离子和硫酸等；钝化、阳极化处理等废水还含有被钝化的金属离子和盐酸、硝酸以及部分添加剂、光亮剂等。一般废水中六价铬浓度在100 mg/L以下，pH为4～6
4	含镍废水	镀镍	硫酸镍、氯化镍、硼酸、硫酸钠等盐类，以及部分添加剂、光亮剂等。一般废水中含镍浓度在100 mg/L以下，pH在6左右
5	含铜废水	酸性镀铜	硫酸铜、硫酸和部分光亮剂。一般废水中含铜浓度在100 mg/L以下，pH为2～3
		焦磷酸盐镀铜	焦磷酸铜、焦磷酸钾、柠檬酸钾、氨三乙酸等，以及部分添加剂、光亮剂等。一般废水中含铜浓度在50 mg/L以下，pH在7左右
6	含锌废水	碱性锌酸盐镀锌	氧化锌、氢氧化钠和部分添加剂、光亮剂等。一般废水中含锌浓度在50 mg/L以下，pH在9以上
		钾盐镀锌	氧化锌、氯化钾、硼酸和部分光亮剂等。一般废水中含锌浓度在100 mg/L以下，pH在6左右
		硫酸锌镀锌	硫酸锌、硫脲和部分光亮剂等。一般废水中含锌浓度在100 mg/L以下，pH为6～8
		铵盐镀锌	氯化锌、氧化锌、锌的络合物、氨三乙酸和部分添加剂、光亮剂等。一般废水中含锌浓度在100 mg/L以下，pH为6～9
7	含镉废水	合金镀	镉离子、络合物和部分添加剂，镉离子≤50 mg/L
8	含铅废水	合金镀	氟硼酸铅、氟硼酸、氟离子和部分添加剂等，pH为3左右，铅离子浓度在150 mg/L左右，氟离子浓度在60 mg/L左右
9	含银废水	氰化镀银、硫代硫酸盐镀银	银离子、游离氰离子、络合物和部分添加剂，pH为8～11，银离子浓度≤50 mg/L、总氰根离子为10～50 mg/L
10	磷化废水	磷化处理	磷酸盐、硝酸盐、亚硝酸钠、锌盐等。一般废水中含磷浓度在100 mg/L以下，pH为7左右
11	电镀混合废水	除各种分质系统废水，将电镀车间排出废水混在一起的废水	其成分根据电镀混合废水所包括的镀种而定
12	有机废水	镀前处理中的除油等工艺废水	二氯甲烷、1, 2-二氯乙烷、氯乙烯、四氯化碳等氯代烃和苯、甲苯等苯系物，有机物成分复杂，含量水平较高

2. *废气污染源及污染物*

电镀生产过程中产生大量废气，可分为含尘废气和含有毒物质废气两大类。含尘废气主要来自喷砂、磨光、抛光等工序。含有毒物质废气按有毒物质种类又可分为酸性废气、碱性废气、氮氧化物废气、含铬废气及含氰废气等，主要来自除油、酸洗、电镀等工艺。电镀废气污染物组成及其来源详见表 2-6。

表 2-6　电镀废气污染物组成及其来源

序号	种类	来源	污染物
1	含尘废气	喷砂、磨光及抛光等	砂粒、金属氧化物及纤维粉尘
2	酸性废气	采用盐酸、硫酸等酸性物质进行酸洗、出光和化学抛光等	氯化氢、氟化氢、磷酸雾、氮氧化物等气体和硫酸雾
3	碱性废气	化学除油、碱性电镀等	氢氧化钠、碳酸钠等碱性物质由于加热所产生的碱性气体
4	含铬废气	镀铬产生的铬酸雾	铬酸雾
5	含氰废气	氰化物电镀工艺	氰化氢
6	氮氧化物废气	含有硝酸溶液的酸洗、出光等	氮氧化物
7	有机废气	镀前处理中的除油等工艺	二氯甲烷、1, 2-二氯乙烷、氯乙烯、四氯化碳等氯代烃和苯、甲苯等苯系物

3. 固废污染源及污染物

电镀企业的工业固废包括一般固废和危险固废两类。一般固废主要为生产过程中产生的废包装物、热镀锌锌灰、锌渣和生活垃圾等。危险固废主要有两个来源：①电镀生产中产生的固废，主要为电镀槽中阳极溶解产生的泥渣和过滤残渣，此类固废较少，含大量重金属，具有一定的回收价值。②废水/废气处理中产生的固废，此类固废是电镀企业主要的固废来源，尤其是采用化学法和沉淀处理法处理电镀废水时，会产生大量的沉淀污泥，其含有多种重金属成分，具有成分复杂、数量大、处理难等特点。目前，国内具电镀污泥处理资质的单位较少，难以完全满足电镀行业污泥的处置需求。

2.3.2　电镀污染分布特点

通常工业地块污染分点源污染和面源污染两种形式。点源污染一般由特定的排放点产生，具有浓度高、面积小、污染浓度呈扩散状分布等特点。面源污染一般由分散的排放点产生，具有污染面积广、浓度相对较低等特点。地块污染形式的不同直接影响后续修复治理的体量和修复工艺的强度。电镀行业污染地块，通常以点源污染为主，但在生产管理和工艺水平落后的电镀遗留地块（如手工作坊式企业），污染物在砂质土层大面积扩散会出现面源污染。地块污染分布与电镀生产过程密切相关，主要的污染区包括电镀生产车间、污水处理设施区域、废水和雨水排放区、仓储区和固废堆放区等。

1. 电镀生产车间

电镀生产车间是电镀污染发生的主要区域，污染主要为以下两种途径。

（1）生产车间地下电镀废水排放管发生腐蚀和损坏，导致电镀废液排放过程中产生渗漏，此类污染非常隐蔽，且一般污染区域在地下排放管周边及下层土壤，表层土壤污染较轻。

（2）电镀生产过程及废液转移过程中的“跑冒滴漏”，对车间地面产生腐蚀并渗漏进入土壤中，常发生于地面无防腐防渗措施的地块以及硬化地面出现腐蚀或破损的地块，此类污染较为明显，可以观察到地表腐蚀情况，污染浓度呈现随土层深度逐渐递减的趋势，图 2-12 为某电镀企业污染地块车间情况及硬化地面破损情况。当污染物渗透过地表硬化层后，根据地块土壤性质的不同，污染物可能会被土壤截留、富集或进一步渗透进入地下水系统，影响地下水安全。

(a)

(b)

图 2-12　某电镀企业污染地块车间情况（a）及硬化地面破损情况（b）

2. 污水处理设施区域

地埋式污水处理设施是污水处理设施区域的主要污染来源（图 2-13），这也是小型电镀企业常见的土壤污染途径。污水收集池受强酸性电镀废水腐蚀导致设施损坏，进而引起电镀废水长期向地下渗漏污染土壤，调查中应对此予以重点关注。而地上式污水处理设施（图 2-14）的损坏和废水渗漏情况易于发现，形成大面积污染的可能性相对较低。污泥脱水装置区域的土壤及地下水污染风险也不容忽视。

图 2-13　小型电镀企业的地埋式污水处理现场

图 2-14　某电镀企业的地上式电镀废水处理装置

3. 废水和雨水排放系统

电镀生产废水及生活污水通常通过地下管路或沟渠排放和收集（图 2-15）。地下管路泄漏及沟渠腐蚀引起的渗漏是电镀企业污染土壤的重要途径之一。电镀废水和生活污水性质差异巨大，对地下管路和沟渠的材质要求各有不同，因此需分开处理。但长期以来，传统电镀企业的雨污分流系统往往建设不足，电镀生产过程中产生的污水和雨水混合进入排放系统，导致雨水排放系统受到污染，同时也意味着电镀污水可能通过地表径流造成更大范围的污染，调查过程中需对此予以关注。

图 2-15　某电镀厂废水、污水排放系统

4. 仓储区

仓储区，尤其是酸储罐区和煤炭存储地（图 2-16），也是重要的土壤污染源。不合适的仓储设施和运输设备是导致污染的主要原因。酸储罐区污染主要是运输或存储不当引起的酸液滴漏；煤炭存储地污染则主要发生于使用燃煤锅炉的电镀企业，是电镀污染地块多环芳烃等有机污染的重要来源。此外，部分镀件制件原料库房也可能存在污染，主要是表面带有大量油污的制件材料不合理堆放导致油污污染。因此，在识别污染因子、布设调查点位时应考虑仓储区污染特点。

(a)

(b)

图 2-16　某电镀污染地块酸储罐区（a）及锅炉区（b）

5. 固废堆放区

电镀企业产生的固废主要包括电镀生产过程中产生的电镀废渣和污水处理过程中产生的电镀污泥，二者均属于含高浓度重金属的危险固废。对于中、大型电镀企业，此类固废常存放在相应的车间或区域。而大部分小型电镀企业，此类固废常以麻袋或尼龙袋等袋装的形式堆放在废水处理设施或电镀车间附近，这可能会对周边环境造成污染（图 2-17）。

图 2-17　小型电镀厂固废堆放情况

6. 污染地块周边区域

电镀生产需要使用水资源，因而部分电镀企业选择在河流、湖泊或水渠等附近建厂，以便于取水和废水排放。电镀行业土壤污染不仅包括厂内的污染，同时也可能涉及周边环境的污染。电镀废水排放口附近河道的污染状况（图 2-18），也是污染地块现场踏勘和调查采样应予以关注的。

2.3.3　电镀污染物特征

电镀生产原辅料主要为各类重金属和强酸强碱，因而电镀行业土壤污染的污染物类型也以重金属和酸碱性污染为主。重金属污染的具体类型则取决于电镀企业的镀种类型，常见的污染物包括铬、铜、锌、镍、镉、铅等。使用氰化物电镀的镀种，如氰化物镀锌、氰化物镀银、氰化物镀金、氰化物镀铜等，在电镀废水中会存在大量的金属络合氰化物，可能造成土壤氰化物污染。采用汞齐化前处理工艺的电镀企业，理论上存在汞污染，但由于汞易于挥发，或易形成甲基化产物进入空气中，不易在土壤中累积，因此污染地块通常难以检出。有研究对珠三角某市几十个电镀工业污染地块统计发现，电镀企业工业用地的锌、镍、铬、铜污染较其他重金属污染更为严重，这与电镀行业镀种组成是一致的，其土壤污染含量可高达几万毫克每千克。尽管电镀生产过程中会使用大量的有机物，如硫脲、咪唑、三乙醇胺、十二烷基磺酸钠等，但在电镀废水的强酸强碱环境中，此类有机化合物容易发生氧化还原反应，而难以在电镀废水中残留，因此环境检出较少。电镀污染地块的有机污染主要集中于油污污染和多环芳烃类污染，前者主要来源于表面含大量油污的镀前制件材料不合理堆放，后者主要来源于燃煤锅炉不充分燃烧后的炉渣堆放。

图2-18　某电镀企业排污口及周边情况

1. 高关注电镀无机污染物来源及其危害

铬（六价铬）：化学符号 Cr，单质为钢灰色金属。电镀污染地块中的铬主要来自于生产过程中使用的铬酐，为毒性最高的六价铬。六价铬为吞入性毒物/吸入性极毒物，具有致癌性，皮肤接触可能导致过敏。六价铬易被人体吸收，可通过消化道、呼吸道、皮肤及黏膜侵入人体。过量的（超过 10 ppm，1 ppm 表示 10^{-6}）六价铬对水生生物有致死作用。

镉：化学符号 Cd，单质为银白色金属。电镀污染地块中镉的主要来源为镀镉作业，镀镉层通常用在钢铁紧固件、管道件等受力件、铝和铝合金件、镁合金件以及与橡胶接触的钢件及铜件上。一些弹性件、螺纹件、标准件，以及航空航天、造船、电子及军工产品等常采用镀镉。由于镉蒸气及其可溶性盐为剧毒物，镀镉层的应用受到严格的限制，大多数采用镀锌层和锌合金层取代镀镉层。镉会刺激呼吸道，长期暴露会造成嗅觉丧失症、牙龈黄斑或渐成黄圈。镉化合物不易被肠道吸收，但可经呼吸被体内吸收，积存于肝或肾脏并对其造成危害，以对肾脏损害最为明显。镉还可导致骨质疏松和软化，是导致骨痛病的元凶。

铅：化学符号 Pb，单质为青白色金属，易在空气中被氧化，形成暗灰色的氧化物覆盖层。电镀污染地块中铅的主要来源为镀铅作业和镀铬作业。镀铅层外观不佳，在电镀行业中应用有限，一般作为功能性镀层使用，如炮膛加工中的扩孔润滑层、化工设备耐酸层、铅酸蓄电池上连接件的防腐层等。而在镀铬作业中广泛使用铅作为阳板，对于特殊部位和小孔镀铬，常用镀铅铜板制作形状特殊的阳板。铅能够影响人体神经系统、心血管系统、骨骼系统、生殖系统和免疫系统的功能，引起胃肠道、肝肾和脑的疾病。铅中毒可导致贫血，其发生机制与血红蛋白合成障碍及溶血有关。进入人体的铅，90%储存在骨骼，10%随血液循环流动而分布到全身各组织和器官，其会影响血红蛋白和脑、肾、神经等功能，特别是婴幼儿吸收铅后，将有 30%保留在体内，影响婴幼儿生长和智力发育。

铜：化学符号 Cu，单质为紫红色金属。电镀污染地块中铜的主要来源为镀铜作业。镀铜是电镀工业中使用最广泛的一种预镀层，包括锡焊件、铅锡合金、锌压铸件，在镀镍、金、银之前都要镀铜，用于改善镀层结合力。在电子行业，用镀厚铜的钢丝线代替纯铜线作为电子元件的引线，镀铜还可用于印刷线路板金属化通孔。铜作为人体所必需的微量元素，低浓度没有毒性，但高浓度铜离子会对生物体产生毒性，主要包括急性铜中毒和慢性铜中毒。急性铜中毒会引起急性胃肠炎，损伤红细胞引起溶血和贫血。慢性铜中毒会影响神经系统、消化系统、心血管系统和内分泌系统等，具体表现为记忆力减退、注意力不集中、容易激动，还可能出现多发性神经炎、神经衰弱综合征，部分患者出现肝大、肝功能异常等。

镍：化学符号 Ni，单质为近似银白色金属。电镀污染地块中镍的主要来源为镀镍作业。在电镀行业中，电镀镍产量仅次于电镀锌，主要用作防护装饰性镀层，广泛用于汽车、自行车、钟表、医疗器械、仪器仪表和日用五金等生产中。镍是人体必需的微量元素，同时也是最常见的致敏性金属，且镍过敏持久性非常强。与人体接触时，镍离子可以进入皮肤中，从而引起皮肤过敏发炎。一般镍盐毒性较低，但胶体镍、氯化镍、硫化镍和羰基镍毒性较大，可引起中枢性循环和呼吸紊乱，使内脏出现水肿、出血和病变。此外，镍还具有生殖毒性、致畸和致突变作用。

氰化物：特指带有氰基（—CN）的化合物，其中的碳原子和氮原子通过三键连接。电镀污染地块中氰的主要来源为氰化电镀工艺，包括氰化物镀锌、氰化物镀银、氰化物镀金、氰化物镀铜等。氰化物在电镀工艺中发挥络合作用使镀液金属离子在阴极上得到电子沉积下来，氰化物络合可使镀层细密光滑，成品质量较高。氰化物是一种剧毒物，进入机体后分解出具有毒性的氰离子（CN^-），氰离子能抑制组织细胞内 42 种酶，如细胞色素氧化酶、过氧化物酶、脱羧酶、琥珀酸脱氢酶及乳酸脱氢酶等的活性。其中，细胞色素氧化酶对氰化物最为敏感。氰离子能迅速与氧化型细胞色素氧化酶中的三价铁结合，阻止其还原成二价铁，使传递电子的氧化过程中断，组织细胞不能利用血液中的氧而造成内窒息。中枢神经系统对缺氧最敏感，故大脑首先受损，导致中枢性呼吸衰竭而死亡。此外，氰化物在消化道中释放出的氢氧根离子具有腐蚀作用。吸入高浓度氰化氢或吞服大量氰化物者，可在 2～3 min 内呼吸停止，呈“电击样”死亡。

2. 高关注电镀有机污染物来源及危害

氯代烃类（chlorinated hydrocarbon，CHC）：烃分子中的氢原子被氯原子取代后的化合物称为氯代烃，作为一种重要的有机溶剂和产品中间体，其在很多工业中得以广泛使用，多数具有挥发性。已列为《土壤环境质量 建设用地土壤污染风险管控标准（试行）》（GB 36600—2018）重点关注的氯代烃类物质包括四氯化碳、氯仿、氯甲烷、二氯乙烷、二氯甲烷、氯乙烯等。卤素是强毒性基，卤代烃一般比母体烃类的毒性大。氯代烃经皮肤吸收后，会侵犯神经中枢或作用于内脏器官引起中毒。在电镀生产过程中的氯代烃主要来自于镀前处理除油工艺中常用到的有机溶剂，其中包括二氯甲烷、1, 2-二氯乙烷、氯乙烯、四氯化碳等。

苯系物类：特指包括苯系物在内的在人类生产生活环境中有一定分布并对人体造成危害的含苯环化合物。已列为《土壤环境质量 建设用地土壤污染风险管控标准（试行）》（GB 36600—2018）重点关注的苯系物类物质包括苯、甲苯、乙苯和二甲苯等。由于生产及生活污染，苯系物可在人类居住和生存环境中广泛检出，并对人体的血液、神经、生殖系统具有较强危害。多数苯系物（如苯、甲苯等）具有较强的挥发性，在常温条件下很容易挥发到气体中形成挥发性有机气体，造成挥发性有机物（volatile organic compounds，VOCs）气体污染。在电镀生产过程中的苯系物主要来自于镀前处理除油工艺中常用到的有机溶剂，其中包括苯、甲苯、乙苯和二甲苯等。

多环芳烃类（polycyclic aromatic hydrocarbons，PAHs）：为分子中含有两个以上苯环的碳氢化合物，包括萘、蒽、菲、芘等 150 余种化合物。已列为《土壤环境质量 建设用地土壤污染风险管控标准（试行）》（GB 36600—2018）重点关注的多环芳烃类物质包括苯并[*a*]蒽、苯并[*a*]芘、苯并[*b*]荧蒽、苯并[*k*]荧蒽、䓛、二苯并[*a*, *h*]蒽、茚并[1, 2, 3-*cd*]芘、萘等。在电镀生产过程中产生的 PAHs 主要来源于煤炭的不充分燃烧。小规模电镀企业常使用小型燃煤锅炉作为热源以供应相应需热处理的电镀工艺，如加热除油等。煤炭不完全燃烧产生的 PAHs 通过不合适的煤渣堆放和填埋等方式进入地块土壤中造成污染。PAHs 的危害主要体现为其三致效应（致癌、致畸、致突变），国际癌症研究中心（International Agency for Research on Cancer，IARC）已将 15 种多环芳烃列为环境化学致癌物。

石油烃类：为多种烃类（正烷烃、支链烷烃、环烷烃、芳烃）和少量其他有机物，如硫化物、氮化物、环烷酸类等的混合物。总石油烃（total petroleum hydrocarbon，TPH）是污染地块调查中检测的常规有机污染物之一。电镀企业 TPH 主要来源于电镀制件材料本身携带的油污。石油烃类包含多种性质各异的有机物，对环境的危害与其化合物组成密切相关。一些挥发性的石油烃类物质经太阳紫外线照射后，与大气中其他有害气体发生光化学反应，产生二次污染。分子量较大的石油烃类由于强疏水性会影响土壤微生物功能、破坏土壤生态系统。

2.3.4 电镀污染物迁移规律

污染物迁移是指污染物在环境中发生空间位置的移动及其引起的污染物富集、扩散和消失的过程。污染物在土壤环境中的迁移方式有机械迁移、物理化学迁移和生物迁移三种。污染物在环境中的迁移受到两大方面因素的制约：一是污染物自身的物理化学性质；二是外界环境的物理化学条件（含区域自然地理条件及生物因素）。电镀行业污染地块污染物主要以重金属和无机酸碱性污染为主，其在环境中的迁移各有不同且会发生相互影响。

1. 无机酸碱在土壤中的迁移

电镀生产过程中用到的强酸包括硫酸（H_2SO_4）、盐酸（HCl）、硝酸（HNO_3）、磷酸（H_3PO_4）、氢氟酸（HF）；强碱主要为氢氧化钠。强酸强碱易溶于水并解离出相应的阴离子和阳离子，这些阴/阳离子在重力作用下会随着土壤水分或降水向地下迁移，其中氯离子（Cl^-）、硝酸根（NO_3^-）不容易与土壤阳离子形成沉淀或被土壤吸附截留，土壤迁移性很强；硫酸根（SO_4^{2-}）、磷酸根（PO_4^{3-}）、氟离子（F^-）等可能会与土壤阳离子形成沉淀或发生化学反应而在土壤中被截留，如与土壤中钙离子形成硫酸钙、磷酸钙、氟化钙等不溶性盐类等，其土壤迁移能力稍弱；钠离子（Na^+）也会在土壤中形成一定的碳酸盐类而部分截留在土壤中。NO_3^- 迁移进入地下水系统后，厌氧条件下经细菌反硝化作用形成亚硝酸盐或氨态氮等，对地下水造成二次污染。

2. 重金属（阳离子）在土壤中的迁移

电镀行业地块的重金属污染以阳离子重金属为主，包括铜离子（Cu^{2+}）、锌离子（Zn^{2+}）、镍离子（Ni^{2+}）、镉离子（Cd^{2+}）、铅离子（Pb^{2+}）、银离子（Ag^+）、三价铬离子（Cr^{3+}）等。其中，Cr^{3+}主要是由六价铬在酸性土壤环境中被还原而形成的，毒性远低于六价铬。重金属阳离子在土壤中的迁移与土壤的酸碱性和土壤吸附能力密切相关。黏质土壤中，土壤吸附能力强，重金属离子容易被土壤吸附累积；砂质土壤中，土壤吸附能力弱，重金属离子易随土壤水分向下迁移。重金属阳离子在土壤中的迁移能力随土壤酸碱度降低而增强，在酸性条件下重金属阳离子更容易游离出来发生水力迁移，在碱性条件下重金属阳离子会形成不溶性盐在土壤中沉淀和累积。

3. 重金属（阴离子）在土壤中的迁移

电镀行业污染地块的重金属阴离子主要为六价铬，电镀废水中六价铬主要以铬酸根（CrO_4^{2-}）、铬酸氢根（$HCrO_4^-$）、重铬酸根（$Cr_2O_7^{2-}$）、铬酸（H_2CrO_4）等四种形态为主。当土壤 pH＜6 时，六价铬主要以$HCrO_4^-$形式吸附在土壤中，属于非专性吸附；中性和碱性条件有利于六价铬的迁移；而当土壤 pH＞14 时，其迁移能力又会受到抑制。此外，在酸性条件下，六价铬在土壤中会发生还原反应形成三价铬，从而被截留在土壤中，难以进入地下水系统。

4. 有机污染物在土壤中的迁移转化

有机污染物在土壤中的迁移转化过程主要包括吸附与解吸附、渗滤、挥发和降解。化合物自身的理化性质和所处的环境因素均会影响有机污染物的环境行为，如污染物的亲脂性、挥发性、化学稳定性和土壤温度、含水率、质地组成等。石油烃类和多环芳烃类污染物因疏水性较强容易与土壤颗粒发生吸附作用。氯代烃和苯系物较易向地下水迁移。不同土壤质地对污染物的吸附性能从强至弱为：黏质土＞壤质土＞砂质土。与无机污染物不同，有机污染物在土壤中可以通过降解转化发生自然衰减的消除过程，其主要影响因素为土壤微生物群落结构和活性以及污染物在土壤中的生物可利用性。此外，植物和一些土壤动物也会通过富集后降解的方式去除土壤中有机污染物。

5. 土壤酸碱性污染对重金属迁移的影响

电镀行业污染地块普遍存在酸碱性污染，一般酸性污染土壤 pH 在 3～5，碱性污染土壤 pH 在 9～11。酸性污染土壤中，阳离子重金属的迁移能力增强，易于进入地下水系统；阴离子重金属（六价铬）的迁移能力减弱，且容易发生还原反应形成三价铬被土壤截留。碱性污染土壤中，阳离子重金属迁移能力减弱，在土壤中形成不溶性沉淀；六价铬迁移能力增强，威胁地下水安全。

6. 土壤酸碱性污染对有机污染物降解转化的影响

电镀行业污染地块的酸碱性污染对土壤中微生物群落结构和活性会产生巨大

影响。过酸和过碱环境均不利于大部分微生物生长，会减缓有机污染物在土壤中的自然衰减过程。此外，对于一些可离子化的有机污染物，适宜的酸碱环境会增强其在土壤环境中的纵向迁移能力，进而威胁地下水安全。例如，苯胺类在碱性环境中溶解性增加，更易随土壤水分进行纵向迁移；含磺酸基、羧基等的有机物在酸性环境中溶解性更高，容易发生迁移。

第3章　土壤污染状况调查程序、内容及其行业特点

土壤污染状况调查是环境保护和修复中的起始环节，也是环保事业中前瞻性和指导性的集中体现。为避免污染地块盲目地大治理、大修复，科学指导后续土壤修复或风险管控，电镀行业地块土壤污染状况调查应遵循以下原则。

（1）精准性和经济性原则：在充分了解和掌握电镀污染地块土壤污染特点和规律的基础上，结合现场快速检测技术和原位调查技术，精准判断地块内及周边区域的潜在污染区域，为后续确定布点采样密度提供可靠参考，为精准捕捉土壤及地下水污染提供支撑，实现土壤污染状况调查的经济性。

（2）科学性原则：在调查背景方面，充分认识和掌握电镀污染地块中污染物的来源、污染特点和分布规律；在调查技术方面，合理引入原位地球物理探测技术，辅助判断地块污染情况；在调查结果分析方面，结合三维模型模拟等手段，科学划定污染区域与面积，弥补采样检测的不足。

（3）规范性原则：统一土壤污染状况调查各阶段信息采集和调查报告内容与格式，建立完善的档案管理制度，目的是实现“集约化、数字化、规范化”管理。一是实行集约化管理，确保档案资料安全无遗漏无丢失；二是实行数字化管理，确保档案资料查询调阅方便快捷；三是实行规范化管理，确保档案资料留存的系统性、完整性。

电镀行业地块需要开展土壤污染状况调查的情景：

《中华人民共和国土壤污染防治法》第五十九条规定的“普查、详查和监测、现场检查表明有土壤污染风险的”“用途变更为住宅、公共管理与公共服务用地的”，第六十七条规定的“土壤污染重点监管单位生产经营用地的用途变更或者在其土地使用权收回、转让前，应当由土地使用权人按照规定进行土壤污染状况调查”。

《工矿用地土壤环境管理办法（试行）》第七条规定的“重点单位新、改、扩建项目”、第十三条“重点单位在隐患排查、监测等活动中发现工矿用地土壤和地下水存在污染迹象的”，应当参照污染地块土壤环境管理有关规定，及时开展土壤和地下水环境调查与风险评估。

电镀行业属于《中华人民共和国土壤污染防治法》中明确的土壤污染重点监管单位及《工矿用地土壤环境管理办法（试行）》中明确的重点单位之一，因此，需按照相关要求开展土壤污染状况调查。

3.1 调查工作程序

电镀企业用地土壤污染状况调查既是污染风险识别的起点，也是污染防治工作的基础。因此，土壤污染状况调查需按照明确的工作程序系统、科学地开展。

《建设用地土壤污染状况调查技术导则》（HJ 25.1—2019）中将土壤污染状况调查工作分为三个阶段（图 3-1）：第一阶段，资料收集和污染识别；第二阶段，初步采样分析、详细采样分析；第三阶段，环境参数调查。

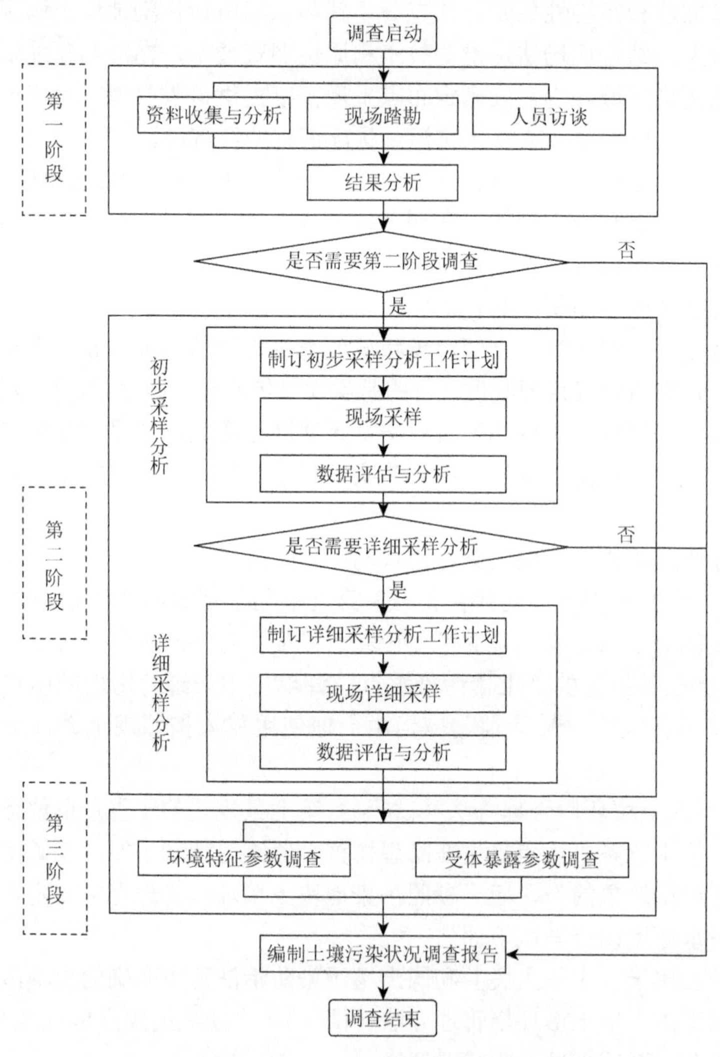

图 3-1 HJ 25.1—2019 中土壤污染状况调查工作程序

由于电镀是我国发展较早的行业之一，多数企业成立于 20 世纪八九十年代，具有数量多、分布散、规模小、生产工艺落后、环境治理设施陈旧等特点，对周边地块存在重金属污染隐患。电镀作为《土壤污染防治行动计划》中明确的重点行业企业之一，电镀企业用地存在极大的土壤污染隐患，需重点监管。因此，本指南坚持从严调查、排查隐患、最大限度解决遗留隐患的原则，将电镀企业的土壤污染状况调查分为初步调查和详细调查两个阶段（图 3-2）。

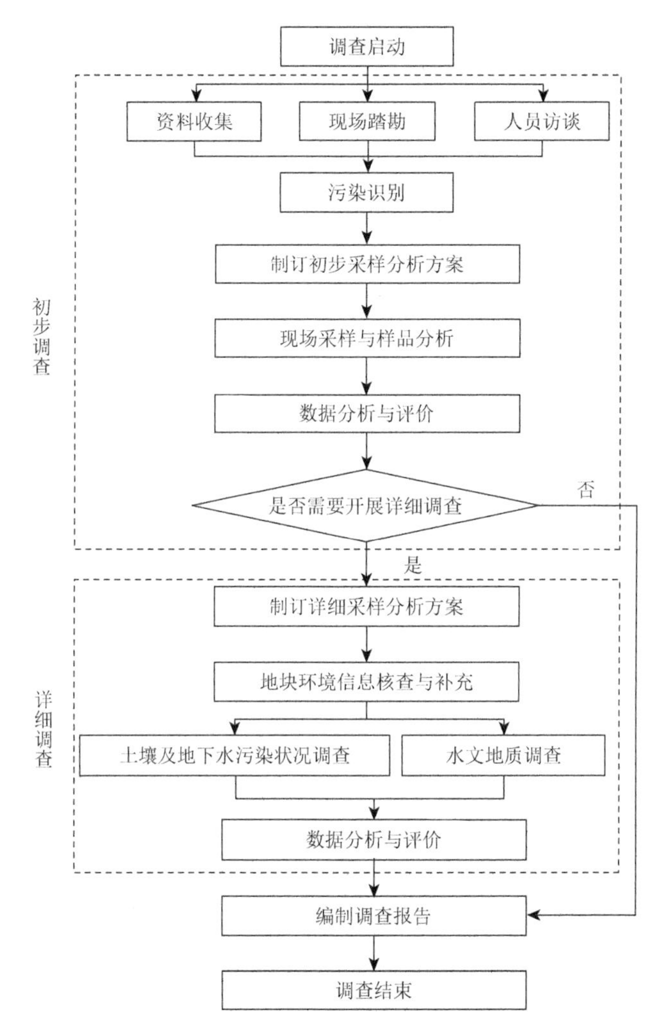

图 3-2　电镀企业土壤污染状况调查工作程序

初步调查是以资料收集、现场踏勘、人员访谈、潜在污染源和污染物识别、初步布点采样、样品检测、数据分析与评价等手段确定污染物种类、含量和空间分布的污染排查阶段。初步调查表明潜在污染源区域土壤中污染物含量未超过国家或地方有关建设用地土壤污染风险管控标准（筛选值）或清洁对照点含量（有土壤环境背景的无机物）以及地下水中污染物含量未超过国家相关标准限值时，则环境风险可以忽略（即污染物含量低于可接受水平），并且经过不确定性分析确认不需要进一步调查后，调查活动可以结束；否则认为可能存在环境风险，应开展进一步的详细调查和风险评估。

详细调查是通过地块环境信息核查与补充、详细布点采样、水文地质调查、样品检测、数据分析与评价等，进一步确定土壤与地下水污染物的空间分布状况及其范围的污染证实阶段。详细调查宜明确土壤和地下水污染的相互影响情况，分析污染物在该地块的迁移与归趋等。

一般情况下，电镀行业企业地块土壤污染状况初步调查表明调查地块土壤中污染物含量超过国家或地方有关建设用地土壤污染风险管控标准（筛选值）或清洁对照点含量（有土壤环境背景的无机物）及地下水中污染物含量超过国家相关标准限值时，进入详细调查阶段。若电镀污染地块存在以下情况，可直接进入地块环境详细调查阶段：

（1）生产运营超过 10 年的电镀企业用地；

（2）曾发生过化学品泄漏或环境污染事故的电镀企业用地；

（3）现场踏勘过程有明显污染痕迹或现场快速检测结果异常的电镀企业用地；

（4）曾使用手工电镀工艺的电镀企业用地；

（5）历史状况不明的电镀企业用地；

（6）地方政府认定应进行详细采样调查的电镀企业用地。

3.2　调查工作内容

初步调查：首先，通过地块资料收集、现场踏勘、人员访谈和现场快筛获取初步信息，并辅助以地块污染原位探测技术，分析获得地块基本信息，确定污染物种类、含量和空间分布。在资料收集阶段，专业机构要在环保部门的辅助和企业的配合下，通过多渠道收集企业地块相关资料，进行初步整理分析；在现场踏勘阶段，通过现场踏勘和人员访谈的方式，对地块污染源、周边环境和敏感受体信息进行收集，并核实资料的准确性。然后，合理选择污染物指标，将所采集样品中污染物数据与相关标准进行比对，如初步调查中土壤污染物含量未超过国家或地方有关建设用地土壤污染风险管控标准（筛选值）的，则对人体健康的风险可以忽略（即低于可接受水平），无须开展后续详细调查和风险评估；超过国家或地方有关建设用地土壤污染风险管控标准（筛选值）的，则对人体健康可能存在风险（即可能超过可接受水平），应当开展进一步的详细调查和风险评估。地下水污染参考国家地下水质量标准。当检出的某种非常规污染因子暂无国家或地方标准时，可参考国际相应标准。

详细调查：按照土壤污染状况详查方案，各有关部门协调配合，统一方法和标准，开展土壤污染状况详细调查工作。通过加密布点采样，确定土壤污染物的空间分布状况及其范围，补充地块水文地质信息，分析评价污染物在该地块的迁移与归宿，及其对土壤、地表水、地下水、空气污染的影响，明确土壤及地下水污染的相互影响情况，建立地块污染概念模型，为后续风险评估、风险管控或治理修复等提供支撑。此外，通过三维模拟和数学模型对已采集的数据信息进行分析，获得直观可视的地块污染物分布状态，评估已完成的采样布点方案的合理性和科学性，进而为后续补充采样提供参考。

3.3　电镀行业地块调查工作特点

电镀行业地块土壤污染状况调查的实施与电镀企业的装备设施和地块污染分布特点密切相关，总体主要具有以下特点。

（1）污染源的隐蔽性：电镀企业装备设施包括地埋和半地埋式污水处理设施、地埋式电镀装置、电镀废水地下输送管路等，这些设备存在不可忽视的缺陷和隐患，如地埋和半地埋装置被腐蚀后导致的污染通常发生在地表以下，这类污染具有极强的隐蔽性，不易被人们发现，经过长期积累至一定程度后，会对土壤及地下水环境造成不可逆的危害。

（2）点状、高浓度重金属污染源：在特定的土壤性质和污染方式下，电镀企业地块容易出现点状、高浓度重金属污染，此类污染常见于电镀废渣堆放区、电镀污水处理设施周边以及电镀废水地下运输管路附近。点状分布使土壤环境中重金属污染程度极不均匀，在局部地区土壤重金属污染相当严重，而重金属是土壤环境中一类具有潜在危害的污染物，土壤一旦受到重金属污染，污染很难在短时间内去除，且重金属被植物吸收后，可能通过食物链进入人体并发生富集，最终达到有害的程度。

（3）污染通常发生于浅层土壤：大量案例分析结果显示，电镀行业地块土壤污染主要发生在浅层土壤（地下 2 m 以上土层），污染主要源于电镀生产废水“跑冒滴漏”和地下管路腐蚀渗漏等。

（4）影响周边水源及引发地质灾害：传统电镀企业用水需求量大，面临较大的用水压力，因此企业一般邻近水体建设，这不仅为了方便取水、满足生产需求，也便于后续排水。与此同时，这也对周边的地表水、地下水及地质环境造成了较大影响，其影响周边水体的方式主要有三种：第一，虽然污水经过处理后再通过排污口排放，但排水中的污染物浓度仍高于自然水体甚至存在着部分污水仍未达标的情况，污染物在自然水体中的累积和扩散会对周边水体的质量安全造成风险。第二，雨污合流管道系统导致部分污水未经合适处理就被排放至环境中，酸碱性污染物质随地表径流进入附近水体，相较于第一种方式而言，这种方式对水体造成的破坏及潜在影响更大。第三，电镀厂通常不用城镇自来水（因为自来水费用较高，地处边远地区的企业也无自来水供应），河水或因生活、养殖等废水污染，或因混浊（特别是夏天雨季），达不到电镀用水对水质的高要求，因此，电镀多抽取地下水用。当电镀用水量大时，在有限区域大量超采地下水，会出现地裂、地面下沉、天坑等地质灾害。

针对电镀行业地块土壤污染特殊性，本指南对常规建设用地土壤污染状况调查的各环节进行调整和优化，其主要内容如下（图 3-3）。

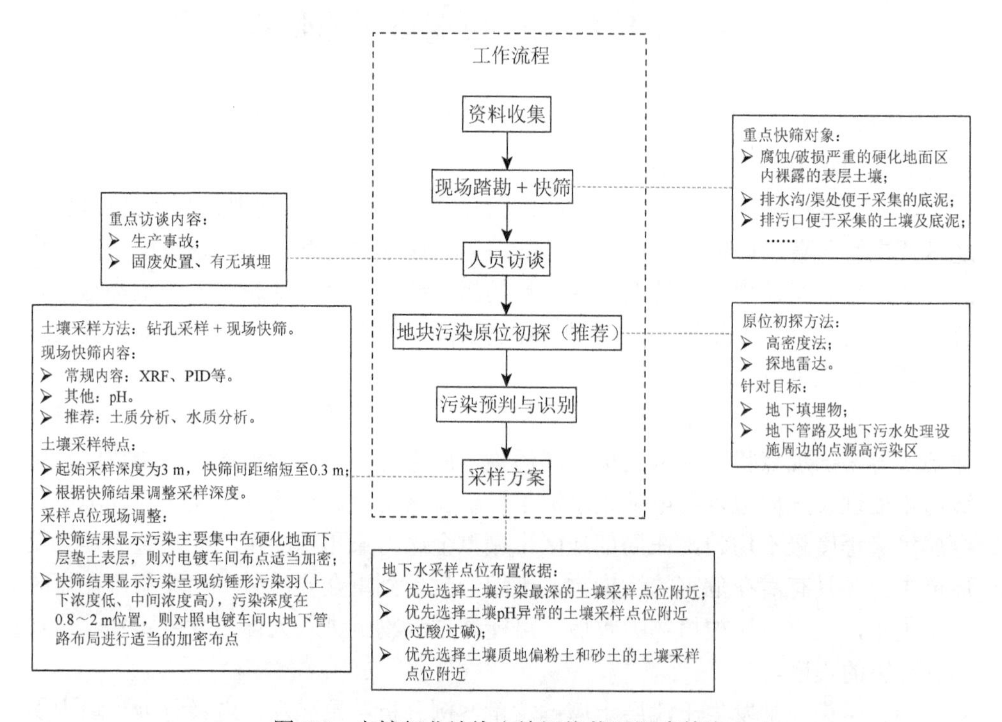

图 3-3　电镀行业地块土壤污染状况调查特点

（1）现场踏勘方面：配合现场快筛检测技术，针对便于采集的敏感污染区域土壤、底泥和地表水样品开展污染物快速检测，现场快筛检测能够快速（缩短检测周期）、便捷（可直接应用于现场，结果判读直观化）、高效（提高执法效率）地初步判断污染形势，为后续采样布点提供参考。

（2）人员访谈方面：重点关注厂区污染事故、固废处置和生产历史变更等内容，并复核资料及内容与现场实际情况是否相符。

（3）地块污染原位初探（推荐）：地球物理探测技术的发展趋于模块化、智能化、数字化，探测的精度也越来越高，并与计算机技术、自动化技术相结合。电镀行业地块土壤污染状况调查推荐合理引入地球物理探测技术，对地块污染情况进行原位探测，初步掌握可能的污染区域，为后续布点采样提供精准参考。

（4）布点采样方面：根据一般电镀企业重点关注设施分布情况及潜在污染分布规律，合理确定采样位置和初筛深度，重点关注重金属快筛情况，结合现场快筛结果，对采样深度、范围和密度进行机动性调整，同时指导地下水采样布点。

第 4 章　资料收集与分析

资料收集与分析的主要目的是初步确定潜在污染源的种类、性质和位置。污染地块相关资料收集与分析能够为后续采样调查过程提供基础资料，收集的资料是否完整、分析是否到位会直接影响后续调查工作的进展。因此，在调查启动后，调查人员应尽可能获取相关地块当下可用的所有信息，并分析资料的真实性和有效性。资料收集与分析工作内容包括：①确定资料收集范围；②统计资料清单与来源；③资料分析。

4.1　资料收集范围

资料收集主要包括土地利用历史及过程变迁资料、场地环境资料、场地地质资料、政府机关和权威机构保存和发布的环境资料、所在区域自然和社会信息等，具体资料收集范围参考表 4-1。当调查地块与相邻地块存在相互污染的可能时，须调查相邻地块的相关记录和资料。

表 4-1　资料收集范围

<table>
<tr><th>资料类型</th><th colspan="2">资料内容</th></tr>
<tr><td rowspan="9">1 土地利用历史及过程变迁资料</td><td colspan="2">1.1 场地及相邻区域航拍照片或卫星影像</td></tr>
<tr><td colspan="2">1.2 土地规划及登记信息</td></tr>
<tr><td rowspan="6">1.3 历史工业生产信息</td><td>平面布置、地下管线布设情况</td></tr>
<tr><td>生产产品、原辅材料及中间体清单</td></tr>
<tr><td>主要生产流程、产污环节</td></tr>
<tr><td>槽罐、管线、沟渠用途、分布、深度、与地面位置关系及泄漏记录</td></tr>
<tr><td>污染治理设施及污染物排放情况</td></tr>
<tr><td>固体废弃物存放、处置情况等</td></tr>
<tr><td colspan="2">1.4 其他有助于分析场地潜在污染的历史资料</td></tr>
<tr><td rowspan="3">2 场地环境资料</td><td colspan="2">2.1 历史环境监测数据</td></tr>
<tr><td colspan="2">2.2 环境污染事故记录</td></tr>
<tr><td colspan="2">2.3 环境违法行为记录</td></tr>
</table>

续表

资料类型	资料内容	
2 场地环境资料	2.4 土壤及地下水污染记录	
	2.5 与自然保护区和水源地保护区的位置关系	
	2.6 其他有助于分析场地潜在污染的环境资料	
3 场地地质资料	3.1 地形地貌	
	3.2 地层结构及土层物理力学性质参数	
	3.3 环境地质问题	
	3.4 水文地质条件	地下水埋藏、分布、补给、径流和排泄特征
		水质和水量信息
		水文地质参数
4 政府机关和权威机构保存和发布的环境资料	4.1 区域环境规划	
	4.2 环境质量公告	
	4.3 企业在政府部门的相关环保备案和批复	
	4.4 生态和水源保护区和规划	
5 所在区域自然和社会信息	5.1 自然信息	地理位置图
		地形地貌、土壤、水文地质、气象资料等
	5.2 社会信息	人口密度和分布
		敏感目标分布
		区域所在地的经济现状和发展规划
		相关的国家和地方的政策、法规与标准
		当地地方性疾病统计信息

4.2 资料清单与来源

调查人员对照表 4-2 收集调查地块及周边区域环境与污染信息。优先保证基本资料收集，尽量收集辅助资料。资料收集时间跨度尽可能涵盖调查地块开发利用各个时期。获取纸质资料宜通过扫描方式归档，以便后期查阅。

资料收集可通过信息检索、部门走访、电话咨询、现场及周边区域走访等方式开展。调查人员可先收集环保部门掌握的企业环评报告、排放污染物申报登记表及相关资料、责令改正违法行为决定书等，然后通过现场走访的方式从企业进一步收集地块资料；对于已收集信息不能满足调查需求的企业地块，再通过其他部门、途径收集地块相关资料。

表 4-2 资料收集清单、应用及来源

序号	资料类别	资料名称	应用（对应的信息）	来源
1	基本资料	环境影响评价报告书（表）、环境影响评价登记表	企业基本信息、主要产品、原辅材料、排放污染物名称、特征污染物、周边环境及敏感受体相关信息	企业、环保部门
2	基本资料	工业企业清洁生产审核报告	地块利用历史、企业平面布置、主要产品及产量、原辅材料及使用量、周边敏感受体、特征污染物、企业清洁生产审核等相关信息	企业、清洁生产审核主管部门
3	基本资料	安全评价报告	企业基本信息、主要产品、原辅材料、危险化学品等相关信息	企业、安监部门
4	基本资料	排放污染物申报登记表	企业基本信息、主要产品、原辅材料、固废储存量、危险废物产生量、排放污染物名称、在线监测装置、治理设施等信息	企业、环保部门
5	基本资料	工程地质勘察报告	土壤与地下水特性相关信息	企业
6	基本资料	平面布置图	生产区、储存区、废水治理区、固废储存或处置场等各区域分布	企业
7	辅助资料	竣工环境保护验收监测报告	企业基本信息、主要产品、原辅材料、排放污染物名称	企业、环保部门
8	辅助资料	管线分布图	污水管线、雨水管线分布	企业
9	辅助资料	营业执照	企业名称、法定代表人、地址、营业时间、登记注册类型	企业
10	辅助资料	全国企业信用信息公示系统	企业名称、法定代表人、地址、营业时间、登记注册类型	网络查询
11	辅助资料	土地使用证或不动产权证书	地址、位置、占地面积及使用权属	企业
12	辅助资料	土地登记信息、土地使用权变更登记记录	地址、位置、占地面积及使用权属、地块利用历史	土地行政主管部门
13	辅助资料	区域土地利用规划	地块及周边用地类型、地块规划用途	国土资源、发展改革、规划等部门
14	辅助资料	危险化学品清单	危险化学品名称、产量或使用量、特征污染物	企业、安监部门
15	辅助资料	危险废物转移联单	固废、危险废物名称、危险废物产生量	企业、环保部门
16	辅助资料	环境统计报表	固废储存量、危险废物产生量	企业、环保部门
17	辅助资料	环境污染事故记录	环境污染事故发生情况	企业、环保部门
18	辅助资料	责令改正违法行为决定书	企业环境违法行为	环保部门、网络查询
19	辅助资料	土壤及地下水监测记录	土壤和地下水监测数据和污染相关信息	企业
20	辅助资料	调查评估报告或相关记录	调查评估结果、土壤和地下水污染信息	企业、环保部门
21	辅助资料	区域地质资料	区域地层分布、构造信息、水文地质条件等	国土资源部门

4.3 资 料 分 析

针对获取资料情况，调查人员依靠其专业知识、经验及其他信息，开展以下分析：

（1）统计实际收集资料缺失情况，分析其完整性；

（2）记录资料的信息来源和获取渠道，分析其真实性；

（3）通过现场踏勘和人员访谈核实收集的资料，分析其有效性；

（4）分析资料缺失和不确定性对后续调查评估工作的影响。

调查报告中最好详细说明调查工作中使用的各项资料。引述资料宜包括名称及其最后更新日期。引用的文件最好在报告中标注索引并注明来源出处。如资料缺失影响判读地块污染状况时，最好在报告中说明。

第5章 现场踏勘

现场踏勘的目的是对已收集资料的准确性进行核实，进而获取文件资料所无法提供的信息，如现场污染痕迹、防护措施及企业环境风险管控水平等。进行现场踏勘时辅以污染物现场快速检测（快筛），为后续科学合理地设计调查采样布点方案提供依据。

5.1 现场踏勘范围

现场踏勘范围以调查地块内为重点，并以调查地块为中心，根据电镀企业潜在污染物及其可能的迁移距离，确定周边区域的踏勘范围。

现场踏勘时，尽可能全面地勘查地块设施以及建构筑物，如罐、槽、沟等潜在污染可能较大的设施或建构筑物需重点关注。如因自然环境因素、障碍物或其他不可抗力因素的阻碍无法近距离踏勘某些设施或建构筑物，应如实记录并保留影像等佐证资料。

5.2 现场踏勘方式

调查地块现场踏勘工作可根据电镀企业污染类型及特点（表 5-1）采取不同的方式开展。

对地块内的一般区域及周边区域的环境、敏感受体、建构筑物、设施、地块现状及使用历史等进行现场踏勘，可采用描述性踏勘的方式，主要通过观察和记录的形式，发现地块内可能的污染痕迹以及地块可能对周边环境目标的影响。

对于地块内的重点关注区或敏感区域，除了描述性踏勘，也可结合现场采样快速检测的方式，筛选可能的污染区域或受影响区域，利用快筛设备及工具[如便携式 X 射线荧光光谱仪（XRF）、光离子化检测器（PID）、pH 试纸等]对土壤、底泥、地表水等样品进行现场检测，如现场检测发现异常，应在后续采样布点中重点关注。

经现场逐一踏勘、核实、确认后，及时准确记录实际情况，形成现场踏勘记录表，参见附录 A。

表 5-1　常见电镀企业污染类型及其特点

序号	污染类型	污染过程描述	常见污染区域	特征污染物	污染隐蔽性	主要污染对象
1	“跑冒滴漏”型污染	电镀生产设备“跑冒滴漏”，腐蚀硬化地面，导致污染物渗漏	电镀车间、酸洗车间内电镀槽体附近区域	酸碱污染、重金属	明显	硬化地面下垫土层
2	“地下管路渗漏”型污染	电镀废水腐蚀地下管路产生渗漏污染	地下管路周边区域	酸碱污染、重金属	隐蔽	地下管路周边浅层土壤区
3	固废填埋污染	电镀固废非法填埋引起的污染	固废填埋区	重金属	隐蔽	填埋区域土壤和地下水
4	“原辅料堆放”型污染	电镀生产原材料不合理堆放引起的污染	酸储罐区、仓库区、锅炉区	酸性污染、有机污染	明显	相应区域表层土壤
5	地块周边区域污染	电镀废水不达标排放引起的污染	排污口周边区域	重金属	明显	排污口附近水体和底泥
6	“污水处理设施渗漏”型污染	地埋式污水处理设施被腐蚀产生渗漏污染	污水处理区	重金属	隐蔽	相应区域土壤与地下水

5.2.1　描述性踏勘

描述性踏勘包括地块内踏勘和地块周边区域踏勘，二者侧重点不同。地块内踏勘主要在资料收集和分析的基础上，针对电镀企业功能分区开展踏勘工作，对水文地质条件、污染源信息、电镀生产工艺、电镀槽的材质和埋深、污染防治设施运行情况，以及生产设施现状等与已有资料的一致性进行核实。地块周边区域踏勘则对地块周边的敏感目标、工业区域以及污水排出地进行踏勘，重点核实周边敏感目标与调查地块的区位关系以及土壤、地下水污染潜在联系。具体踏勘内容详见附录 A。在踏勘过程中需注意对疑似污染区域进行现场标记和记录。疑似污染现场情景及其可能发生的污染类型见表 5-2。

表 5-2　疑似污染现场情景及其可能发生的污染类型

序号	疑似污染现场情景	污染类型
1	电镀镀槽设备出现严重腐蚀和渗漏	①
2	电镀生产相关车间（酸洗车间、电镀车间、镀前处理车间等）内硬化地面存在腐蚀、开裂以及废水溢流情况	①
3	地下电镀废水管路材质为金属材质、混凝土材质等	②
4	污水管线连接方式简陋，防渗、防漏和防腐处理不到位	②

续表

序号	疑似污染现场情景	污染类型
5	厂区存在雨污合流情况	②
6	厂区无固定的固废储存区或固废处置情况不明	③
7	可能存在固废填埋及其填埋区域情况	③
8	原辅料容器有明显破损，出现外溢和渗漏情况	④
9	电镀制件材料就地堆放，地面有大量油污痕迹	④
10	厂区自有燃煤式锅炉和燃煤堆放区	④
11	仓储区、酸储罐区、锅炉区内地面出现腐蚀/破损，地面防腐防渗性能差	④
12	污水排水口周边植被生长差，水体存在异色或异味	⑤
13	污水池等构筑物为地埋式	⑥
14	污水池等构筑物防渗、防漏和防腐处理不到位	⑥
15	污水池等有明显破损，出现外溢和渗漏情况	⑥

注：污染类型分类：①“跑冒滴漏”型污染；②“地下管路渗漏”型污染；③固废填埋污染；④“原辅料堆放”型污染；⑤地块周边区域污染；⑥“污水处理设施渗漏”型污染；具体内容详见表 5-1。

5.2.2　检测性踏勘

在描述性踏勘的基础上，对生产车间内破损严重的硬化地面、排水沟中后端、排污口附近等敏感区域内的土壤、底泥、地表水等样品进行采集，利用便携式 XRF、PID、pH 试纸等快筛设备和工具进行现场检测，并标记快速检测结果异常的区域。电镀企业主要敏感区域、重点现场检测指标及现场快筛设备等参考表 5-3。

表 5-3　敏感区域现场快筛样品采集与检测

敏感区域	样品类型	检测指标	工具及检测设备
生产车间（包括酸洗车间、电镀车间等）内腐蚀/破损严重的硬化地面区	垫土层土壤、溢流地表水	pH、重金属	汽油钻、便携式 XRF、pH 试纸
排水沟/渠（主要为雨水沟）中后端	底泥	pH、重金属	便携式 XRF、pH 试纸
排污口附近水体或便于采集的低洼泥塘	地表水、底泥	pH、重金属	便携式 XRF、pH 试纸
酸储罐区内腐蚀/破损严重的硬化地面区	垫土层土壤	pH	汽油钻、pH 试纸
锅炉区内煤炭堆放处	垫土层土壤	多环芳烃	便携式 PID、便携式 GC-MS
电镀制件材料仓库区地面出现大量油污处	垫土层土壤	石油烃类	汽油钻、便携式 PID
污水处理设施附近存在污水溢流和腐蚀/破损的地面	垫土层土壤、溢流地表水	pH、重金属	汽油钻、便携式 XRF、pH 试纸

5.3 现场踏勘工具及设备

现场踏勘前，根据地块具体资料收集分析情况准备相关安全卫生防护用品、便携式检测仪器、照相机、无人机、手持式GPS、探地雷达等踏勘工具及设备。现场踏勘物品准备清单见表5-4。在现场踏勘过程中，主要通过辨识异常气味、拍摄实时影像、文字记录现场情况、定位标识重点区域等方式对地块污染状况进行初步判断与记录。

表5-4 现场踏勘物品准备清单

类别	序号	物品名称	是否准备	携带数量	备注
安全防护	1	PE手套			
	2	乳胶手套			
	3	线手套			
	4	口罩			
	5	安全帽			
	6	防护服			
	7	安全鞋			
	8	工装			
	9	医药箱			
办公用品	1	签字笔			
	2	记号笔			
	3	文件袋			
	4	标签纸			
记录表格	1	历史卫星影像图			
	2	现场踏勘记录表格			
	3	人员访谈记录表格			
	4	土壤采样钻孔记录单			
	5	地下水采样记录单			
采样器具	1	手钻			
	2	汽油钻			
	3	铁铲			
	4	木铲			
	5	土壤采样管			
	6	贝勒管			
	7	地表水采样器			

续表

类别	序号	物品名称	是否准备	携带数量	备注
样品保存容器	1	250 mL 广口玻璃瓶			
	2	40 mL 棕色玻璃瓶			
	3	自封袋			
	4	1 L 棕色玻璃瓶			
	5	冰袋			
	6	保温箱			
快速检测设备	1	XRF			
	2	PID			
	3	水位仪			
	4	pH 试纸			
	5	多参数水质测试仪			
辅助设备	1	测距仪			
	2	卷尺			
	3	手持式 GPS			

5.4 现场踏勘内容

现场踏勘的目的是通过对调查地块及其周边环境设施的现场调查，核实地块的现状与历史情况、相邻地块的现状与历史情况、周边区域的现状与历史情况、区域水文地质与地形的描述等，核实资料收集的准确性，获取与地块土壤、地下水污染有关的迹象。现场工作人员应遵守安全法规，按照规定的程序和要求进行调查工作。必要时可进行专门的培训，并在企业有关工作人员带领下进行现场踏勘。

根据资料分析及现场实际情况，核实企业基本情况，如电镀生产工艺（包括镀种、漂洗工艺、电镀工艺等）、电镀槽的材质和埋深、地下水井（位置、规格、水位等）、污染防治设施运行情况等。

现场踏勘应观察所有可见污染源（电镀、酸洗、氧化、磷化等表面处理车间）的位置、类型、规模和控制设施（如防渗材料、结构、老化程度）；观察分析可疑污染物的污染区域、潜在污染途径（如地下生产装置、废水输送管路等）及发生污染的可能。

调查场地污染痕迹，如植被损害、各种容器及排污设施损坏和腐蚀痕迹，场地内的气味，地面、屋顶及墙壁的污渍和腐蚀痕迹，现场设施有无明显破损、出现外溢和渗漏情况，排污明沟是否有积水和污泥，污水排出口附近水体颜色、气味、生物生长情况是否正常，固废（如槽泥、废水处理污泥、废液等）是否安全处置、化学药剂是否存在泄漏或不合理堆放，等等。

周边区域的踏勘，主要是踏勘地块四周相邻企业，确定企业污染物排放源、污染物排放种类等，并分析其是否与评价场地污染存在关联；踏勘地块附近已开展土壤污染状况调查的地块，重点调查已确认污染地块的污染物，以及对本调查地块的环境影响和污染途径；观察和记录地块及周围是否有可能受污染物影响的居民区、学校、医院、饮用水源保护区以及其他公共场所等地点，在报告中明确其与场地的位置关系。明确所处环境功能区及地下水、地表水使用情况。

必要时可参照“检测性踏勘”，利用现场快速检测设备开展现场快速检测和评估。

第6章 人员访谈

人员访谈的主要目的是通过适宜的方式与相关知情人员沟通，解决资料收集时存在的问题、咨询现场踏勘时发现的疑问以及核实并进一步完善已有资料。

6.1 访谈对象

访谈对象涉及四类人员，分别为地块现在及过去各阶段的使用者、地方政府及地块管理机构工作人员、环境保护主管部门工作人员、熟悉地块情况的第三方（如相邻区域的工作人员、居民）。

6.2 访谈方式

人员访谈可通过现场提问的方式直接进行，也可通过电话咨询、问卷调查等间接方式进行。按照受访人数开展个体或集体访谈。在访谈前明确受访对象、访谈目的及所需获取的信息，编制适宜的访谈提纲。访谈时应尽可能清晰明确地表述问题，及时并准确记录访谈内容。

6.3 访谈内容

访谈内容主要包括咨询资料收集与现场踏勘阶段存在的疑问、补充完善地块信息、考证已有资料三个方面。调查人员可参照访谈记录表（参见附录B）中的内容进行访谈。针对电镀企业地块中可能存在的隐蔽性污染源，宜重点问询以下内容：

（1）地块利用历史，是否曾存在其他工业企业，尽可能追溯到未开发利用前。

（2）地块归属及变更情况。

（3）地块生产历史，厂区布置及生产变更情况，电镀槽类型、沟槽形式、排放方式、排放沟槽路线、排放口等。

（4）地块企业“三废”产生及处置情况，以及是否存在固废填埋、填埋区域及位置等。

（5）地块内是否曾发生过污染事件或生产事故：地下管路泄漏或地埋式污水池泄漏等事故、应急处置措施与结果。

（6）与环境污染和安全生产相关的异常情形，如化学试剂的运输方式、电镀生产中的跑冒滴漏等。

（7）地块周边是否曾发生环境污染事故。

人员访谈记录最好不少于 3 份，宜翔实记录受访者姓名、联系方式、职位、与调查地块关系等信息。访谈结束后可通过扫描方式将访谈记录归档并作为附件随调查报告一并提交，以便后期查阅。

第7章　地块污染原位初探

由于土壤污染状况调查大多涉及深层钻探，因此，在进行调查时需要考虑安全问题。在施工开始前，可以采用地球物理探测等原位测试手段对地块进行初步调查，其一方面可辅助判断地下管线和建构筑物的位置，确定不适宜进行勘测的范围，保障钻进作业的安全性；另一方面可协助判断地块土壤及地下水污染，从而指导调查点位布设，有利于精准捕捉污染。污染原位初探所选用的工程物探方法和仪器均需要符合现行行业标准《城市工程地球物理探测标准》（CJJ/T 7—2017）。

地球物理探测不会破坏地面水泥硬化层、环氧地坪等，而且能够快速、持续地反馈探测结果，并能对土壤的污染程度和水文地质情况进行评价。在大范围或水文地质特征复杂的地块进行调查评估时合理应用地球物理探测技术，可以达到事半功倍的效果。而在污染程度的判断方面，只有污染物泄漏量足够大且持续一定时间，并且能够对区域土壤性质产生影响时，才能利用地球物理探测技术了解污染范围和程度。在实际操作过程中，要根据地块条件及现场的实际需求，选用合适的地球物理探测方法。目前针对重金属污染地块，主要采用探地雷达、电阻率法等地球物理探测手段。本章将对探地雷达和电阻率法在电镀行业污染地块现场测试中的适用性及应用注意事项进行介绍。

7.1　探地雷达的应用

探地雷达是一种可无损探测地下目标的有效手段，其工作原理是天线发射雷达波信号后在介质层交界面发生反射和折射，由于不同介质的介电常数存在差异，通过分析反射回波的反馈时间、波形、振幅等数据，判别反射界面的性质与位置，如图 7-1 所示。反射信号被地面接收器接收、放大、数字化后形成原始数据，数据经处理后用于地层结构、地下构筑物等分布情况的分析。地下管线、构筑物和浅层污染物质的探测大多采用探地雷达技术。

将探地雷达应用于电镀企业地块现场勘查，其主要目标有两个：一是探查厂区地下管路、罐槽、构筑物等的分布情况；二是探查厂区内可能存在的固废填埋区。

使用探地雷达进行土壤污染状况调查时需注意下列事项。

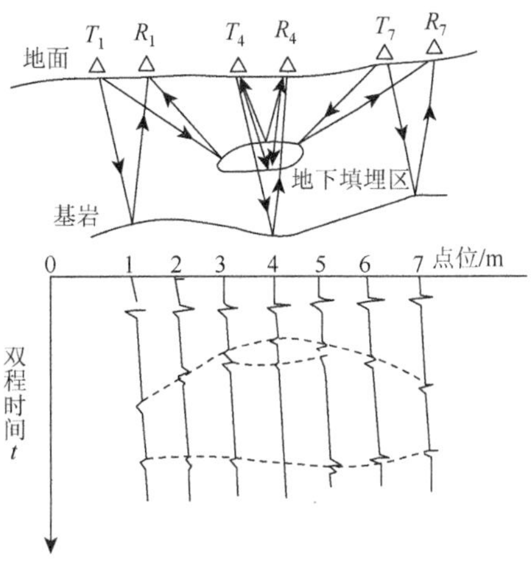

图 7-1　探地雷达用于探测地块填埋区示意图

（1）在使用探地雷达进行勘探之前，尽可能移除被测区域表面的障碍物（包括积水等），避免其影响探测结果。

（2）对于地表高程起伏较大的地块，不宜使用探地雷达进行探测。

（3）钢筋混凝土层中的钢筋会对探地雷达的检测造成一定的干扰，因此在钢筋混凝土层上方尽量避免使用探地雷达，必要时，推荐采用低频天线。

（4）天线频率的选择要视工作条件和探测深度而定，如有需要，可以通过现场试验确定天线频率。如果多个频率的天线均能满足探测深度要求，则宜选择高频段天线。在同等条件下，宜选择屏蔽天线。

（5）现场测试时，避免大型金属构件和超高压输变电线路等强干扰因素。

7.2　电阻率法的应用

电阻率法是传导类电法勘探方法，其工作原理是基于不同地层结构的土壤导电特征差异，通过探测垂直方向和水平方向上电阻率的变化情况，解析地层分布与土壤污染状况。当地块较为开阔且需要查明较大范围污染土和地下水分布时，可以采用高密度电阻率法，仪器如图 7-2 所示。当地块较为狭窄、地表电磁干扰严重时，可以采用孔中电阻率层析成像法。

由于电镀企业污染地块的重金属污染往往伴随土壤酸碱化，因此受污染土层的电导率变化较大，适宜使用电阻率法进行原位探测（图 7-3）。应用电阻率法进行地块调查的主要目的包括两个：一是对疑似污染区域进行调查，尤其是对高浓度污染源的分布情况进行探测；二是判断可能的固废填埋区位置与污染范围。

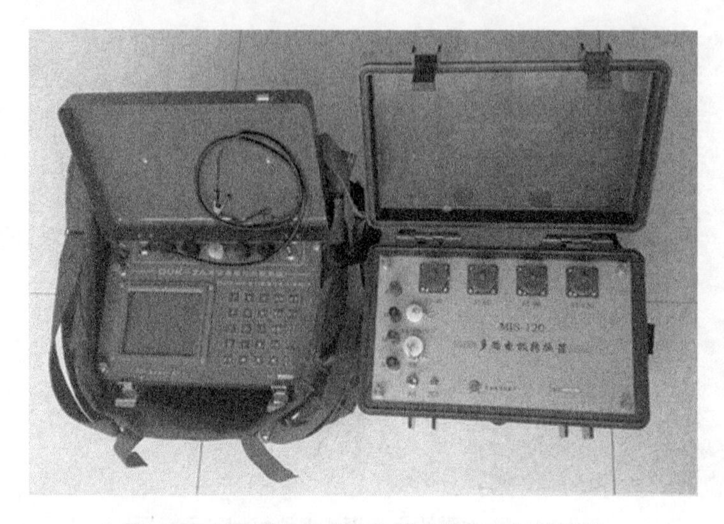

图 7-2　高密度电阻率法仪器主机及电极转换器

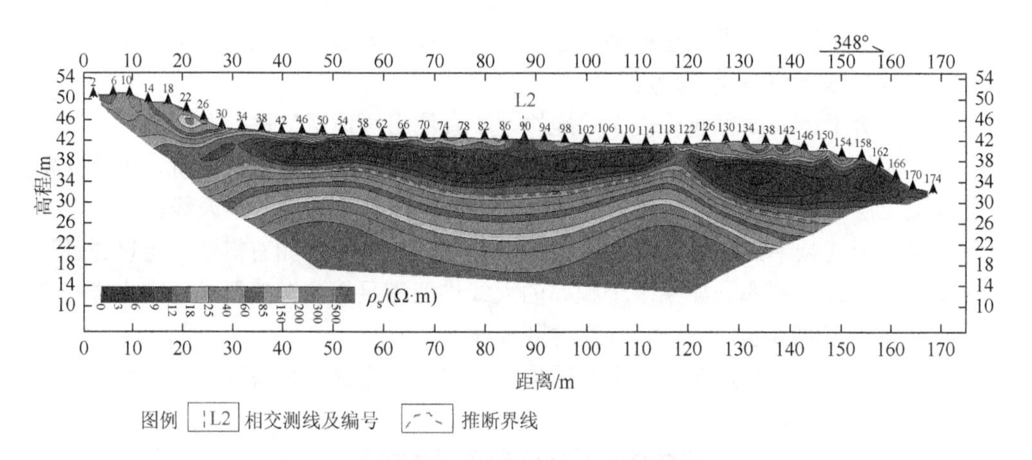

图 7-3　高密度电阻率法应用于地块重金属污染判断

使用电阻率法原位探测进行土壤污染状况调查时需注意下列事项。

（1）探测前尽量移除地表障碍物（包括积水等），避免障碍物影响探测结果。

（2）当地下有大型导电设备时，测量线路的布置尽量与导电设备相垂直。

（3）在测量过程中，避免出现电极错接、漏接等情况。

（4）雷雨天气禁止作业。

第8章　污染预判与识别

在资料收集、现场踏勘、人员访谈等工作基础上，根据地块利用历史资料分析和现场实际情况，识别被调查地块内潜在污染类型及其分布情况；结合原位地球物理探测技术，初步判断土层结构或污染的垂直分布情况，合理设置采样点位置和样品采集深度。污染预判与识别工作成果以标记的区域平面布置图或表格等形式展现，具体见表8-1和图8-1。

表8-1　调查地块污染预判与识别记录表

序号	疑似污染区域[1]	踏勘标记点位[2]	特征污染物[3]	污染对象（依据）	污染成因分析	资料核对情况
1	电镀生产车间		酸碱污染、重金属	1.表层土壤（快筛数据） 2.下层土壤（物探结果）	电镀槽设备“跑冒滴漏”引起地面腐蚀渗漏	□资料吻合 □不吻合，原因__
2	污水处理设施及周边		酸碱污染、重金属	……	……	□资料吻合 □不吻合，原因__
3	电镀废水地下运输管线及周边		酸碱污染、重金属	……	……	□资料吻合 □不吻合，原因__
4	原辅材料、化学品、有毒有害物质等装卸、储存区		酸碱污染、有机污染	……	……	□资料吻合 □不吻合，原因__
5	固体废弃物堆放区		酸碱污染、有机污染	……	……	□资料吻合 □不吻合，原因__
6	固体废弃物填埋区		酸碱污染、有机污染	……	……	□资料吻合 □不吻合，原因__
7	污水排出口附近		酸碱污染、有机污染	1.底泥（快筛数据） 2. 地表水（快筛数据）	……	□资料吻合 □不吻合，原因__
8	雨水排出系统、雨水井、雨水沟		酸碱污染、有机污染	……	……	□资料吻合 □不吻合，原因__
9	锅炉房、煤炭堆场等		有机污染	……	……	□资料吻合 □不吻合，原因__
10	………					

注：[1] 疑似污染区域：按该电镀地块功能分区划分，包括但不限于电镀车间、酸洗车间、原料仓库、锅炉区、废水处理区等。

[2] 踏勘标记点位：在现场踏勘过程中发现可能存在污染并做有相应标记的点位，详见第5章。

[3] 污染类型：有快筛数据的应填写具体污染物名称，无检测数据支持的则根据所在区域对照表5-1填写污染物大类。

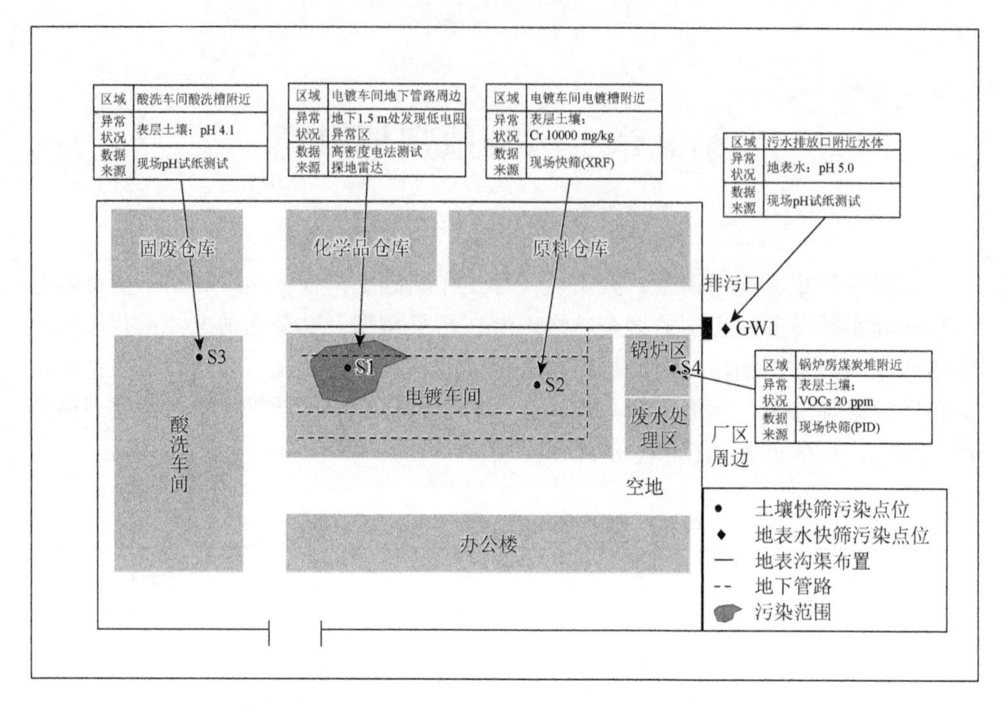

图 8-1　调查地块污染预判与识别示例图

污染预判与识别工作流程如下。

（1）资料分析。整理分析调查地块及其周边地块利用历史资料和人员访谈信息，确定地块特征污染物，初步判断可能的污染因子、成因、污染区域与污染程度。

（2）现状识别。根据踏勘记录和敏感区域现场快速检测结果，判断潜在污染区域及其成因。

（3）污染区初判。根据地块污染原位初探结果，初步判断土壤和地下水可能受污染的深度、范围、迁移方向，以及是否存在地下渗漏或填埋情况等。

（4）资料一致性分析。通过对比资料分析、现状识别和污染区初判结果的一致性，对不一致的情况进行重新梳理。

（5）污染判断与识别。综合分析结果，判断地块污染可能性、重点关注区域、污染类型、污染程度及潜在污染物空间分布范围等。

特征污染物的判断主要依据地块生产历史所涉及的原辅料和污染物排放情况。表 8-2 列出了电镀典型工序特征污染物。根据表 8-2 和企业实际情况，确定地块潜在污染物。

表 8-2　电镀典型工序特征污染物

工艺	方法	常用化学品	特征污染物
除油	有机溶剂除油	乙醇、丙酮、苯、甲苯、汽油、三氯乙烯、三氯乙烷、四氯乙烯、四氯化碳等	苯、甲苯、三氯乙烯、三氯乙烷、四氯乙烯、四氯化碳、TPH
	化学除油	碳酸钠、氢氧化钠、磷酸三钠、水玻璃、各类乳化剂等	
	电化学除油	碳酸钠、氢氧化钠、磷酸三钠、水玻璃等	
镀锌	锌酸盐镀锌	氧化锌、氢氧化钠、三乙醇胺、光亮剂等	锌、氰化物、硫酸盐、氯化物
	氰化物镀锌	氧化锌、氰化钠、氢氧化钠、光亮剂等	
	硫酸盐镀锌	硫酸锌、硫酸铝、明矾、硫酸钠、糊精、硼酸、氢氧化钠、光亮剂等	
	氯化物镀锌	氯化锌、氯化钾、硼酸、柠檬酸钾、光亮剂等	
镀铜	氰化物镀铜	氰化铜、氰化钠、碳酸钠、氢氧化钠、酒石酸钾钠、三乙醇胺、光亮剂、乙酸铅等	铜、氰化物、硫酸盐、硝酸盐、氯化物
	硫酸盐镀铜	硫酸铜、硫酸、葡萄糖、光亮剂	
	羟基亚乙基二膦酸镀铜（代氰铜工艺）	硫酸铜/碳酸铜/氢氧化铜/乙酸铜、羟基亚乙基二膦酸、碳酸钾、2-硫脲吡啶等	
	柠檬酸盐镀铜	碱式碳酸铜、柠檬酸、酒石酸钾、碳酸钾、氢氧化钾、光亮剂等	
	酒石酸盐镀铜	硝酸铜、酒石酸钾钠、硝酸钾、氯化铵、三乙醇胺、聚乙烯亚胺烷基盐等	
	焦磷酸盐镀铜	焦磷酸铜、焦磷酸钾、柠檬酸铵、氨水、二氧化硒、2-巯基苯并咪唑，2-巯基苯并噻唑、酒石酸钾钠等	
镀镍	普通镀镍	硫酸镍、氯化镍、硼酸、硫酸钠、硫酸镁、双氧水、氟化钠、十二烷基磺酸钠等	镍、铅、硫酸盐、氯化物、氟化物
	光亮镀镍	硫酸镍、氯化镍、硼酸、硫酸钠、硫酸镁、双氧水、氟化钠、十二烷基磺酸钠、光亮剂等	
	双层镀镍（半光亮镀镍+光亮镀镍）	硫酸镍、氯化镍、硼酸、硫酸钠、硫酸镁、双氧水、氟化钠、十二烷基磺酸钠、光亮剂等	
	多层镀镍（半光亮镀镍+高硫镍+光亮镀镍）	硫酸镍、氯化镍、硼酸、硫酸钠、硫酸镁、双氧水、氟化钠、十二烷基磺酸钠、糖精、光亮剂等	
	氨基磺酸盐镀镍	氨基磺酸镍、氯化镍、硼酸等	
	柠檬酸盐镀镍	硫酸镍、氯化镍、柠檬酸钠、氯化钠、硼酸、硫酸镁、硫酸钠等	
	装饰性镀镍	硫酸镍、氯化镍、硼酸、对甲苯磺酰胺等	
镀铬	装饰性镀铬	铬酐、硫酸、三价铬、氟硅酸钾等	总铬、六价铬、硫酸盐、硝酸盐、氟化物
	镀硬铬及松孔铬	铬酐、硫酸、氟硅酸等	
	镀黑铬	铬酐、硝酸钠、硼酸、氟硅酸、碳酸钡、氟化钾、硝酸、硝酸铬、氟硅酸钠等	
	特殊防护性镀铬	铬酐、硫酸、三价铬、氟硅酸、硒酸钠、氟硅酸钾等	
	稀土镀铬	铬酐、硫酸、三价铬、氟硅酸钾、稀土化合物等	

续表

工艺	方法	常用化学品	特征污染物
镀铬	有机添加剂镀铬	铬酐、硫酸、硼酸、低碳烷基磺酸、碘酸盐等	总铬、六价铬、硫酸盐、硝酸盐、氟化物
	三价铬盐镀铬	氯化铬、硫酸铬、甲酸钾、甲酸铵、草酸铵、氯化铵、溴化铵、氯化钾、乙酸钠、硼酸、硫酸钠、硫酸等	
镀锡	碱性镀锡	锡酸钠、锡酸钾、氢氧化钠、锡板、醋酸钠/钾、双氧水等	锡、铅、硫酸盐、苯酚
	酸性镀锡	硫酸亚锡、硫酸、酚磺酸、硼酸、β-萘酚、苯酚、光亮剂等	
	氟硼酸盐镀锡	氟硼酸亚锡、氟硼酸、明胶、甲醛、光亮剂等	
	卤化物镀锡	卤化亚锡、氟化氢铵、氟化钠、柠檬酸、氨三乙酸、聚乙二醇等	
	有机磺酸盐镀锡	硫酸亚锡、氨基磺酸、二羟基二苯砜等	
	晶纹镀锡	硫酸亚锡、硫酸、酚磺酸、硼酸、β-萘酚、苯酚、光亮剂等	
镀金	氰化碱性镀金	氰化金钾、氰化钾等	金、锑、氰化物、氯化物、铊
	氰化中性镀金	氰化金钾、磷酸氢二钾、乙二胺四乙酸等	
	氰化弱酸性镀金	氰化金钾、柠檬酸、光亮剂等	
	硫酸盐镀金	三氯化金、亚硫酸金钠、亚硫酸钠、柠檬酸钾等	
	脉冲镀金	氰化金钾、柠檬酸铵、酒石酸锑钾等	
镀银	镀银前处理	氰化银、氰化钾、碳酸钾、硝酸银、硫脲、金属银等	银、氰化物、硝酸盐、氯化物、硫酸盐
	氰化物镀银	氰化银、银氰化钾、氯化银、碳酸钾、碳酸氢钾、酒石酸钾钠、光亮剂等	
	硫代硫酸盐镀银	硝酸银、硫代硫酸铵、硫代硫酸钠、焦亚硫酸钾、乙酸铵、亚硫酸钠等	
	亚氨基二磺酸铵镀银	硝酸银、亚氨基二磺酸铵、硫酸铵、柠檬酸铵等	
	烟酸镀银	硝酸银、烟酸、乙酸铵、碳酸钾、氢氧化钾、氨水等	
	咪唑-磺基水杨酸镀银	硝酸银、咪唑、磺基水杨酸、乙酸钾等	
	丁二酰亚胺镀银	硝酸银、丁二酰亚胺、焦磷酸钾等	
	甲基磺酸盐镀银	甲基磺酸银、甲基磺酸、柠檬酸、硫脲、2-巯基苯并噻唑、光亮剂等	
钝化	铬酸钝化	铬酐	三价铬、六价铬
	无铬钝化	钛酸盐、钨酸盐、钼酸盐、稀土、单宁酸、植酸和树脂等	
出光	/	稀硝酸、盐酸、柠檬酸、硫酸、铬酐等	三价铬、六价铬、硝酸盐、氯化物、硫酸盐

第9章　调查方案设计

根据前期调查和实地踏勘，包括资料收集与分析、现场踏勘、人员访谈和污染预判与识别的结果，制订调查方案，确定初步调查和详细调查采样方案、现场快速检测方案、实验室检测分析方案等。

9.1　初步采样分析布点方案设计

9.1.1　工作范围

初步采样分析工作范围一般以地块边界为限。如果前期调查结果显示地块内的污染物存在扩散到地块边界外的可能性，则工作范围还应扩展到疑似受污染的地块周边区域。

9.1.2　土壤布点技术要求

1. 布点位置与数量

根据本指南第8章中识别出的潜在污染区域，对其进行布点采样。采样点位的布设按照《建设用地土壤污染状况调查技术导则》（HJ 25.1—2019）和《建设用地土壤环境调查评估技术指南》相关要求进行。在企业平面布置不明确的情况下，宜采用系统布点法。

对于平面布置清晰、生产设备和建（构）筑物等尚未被拆除的已关闭电镀企业用地或在产电镀企业，宜采用专业判断法。结合资料分析、现场踏勘和人员访谈等，识别疑似污染源。疑似污染源如下。

（1）生产设施：以电镀镀槽所在区域为主。

（2）罐槽：各类地下罐槽、管线等所在区域。

（3）化学品储存区：生产、储存、装卸、使用和处置原辅材料、产品、化学品、有毒有害物质等的区域。

（4）污染泄漏区：曾发生泄漏或环境污染事故的区域。

（5）固废储存区：普通固废和危险废物等堆放或储存的区域。

(6)“三废”处理排放区：废水、废气、固废等集中处理系统、处理处置设施、废水排放点、飞灰排放点等区域。

(7) 已有资料或前期调查显示可能存在污染的区域，以及其他存在明显污染痕迹或异味的区域。

在各个疑似污染源所在位置至少布设 1 个采样点。当疑似污染源区域达不到布点采样条件时，优先采用拆除周边建筑等方式排除障碍，确实无法消除布点障碍的，则优先将采样点位布设在疑似污染区域地下水流向下游，并尽量靠近疑似污染源。如果相邻疑似污染源占地面积较小，并且污染物类型相同时，则可以合并布设采样点。

由于电镀生产线一般较集中，且生产工艺单元占地不大，如电镀工序集中在一个车间进行，为了更好地捕捉污染，该车间内至少布设 3 个采样点。

对在产电镀企业进行土壤污染状况调查时，在不影响企业正常运营、不造成安全隐患或二次污染的前提下选择适当位置布设采样点位。

采样点位的数量应确保满足疑似污染源是否受到污染的判别，并且在每个疑似污染地块内或设施底部至少布设 3 个土壤、底泥或地下水采样点。土壤采样点数量可以根据布点区域面积、污染源分布等实际情况参照表 9-1 中列出的条件进行适当调整。当实际面积介于表中两个面积之间时，采用内插法确定采样点数目。对于其他非疑似污染源区域，可以采用随机布点方法，布设少量采样点，避免在污染识别过程中出现遗漏。

表 9-1　判断布点法土壤采样点最低数量

面积/m^2	土壤采样点最低数量/个
＜5000	4
25000	6
100000	8
500000	10
≥1000000	≥16

土壤布点优先原则包括下列四个方面，其优先级逐项降低：

(1) 不影响企业正常生产且不造成安全隐患和二次污染的区域；

(2) 现场踏勘、快速检测和地块原位初探中发现存在污染的位置；

(3) 可能对土壤环境产生影响的疑似污染源所在位置，如地表裸露、地面无防渗层或防渗层破裂处等；

(4) 疑似污染源的所在位置，如镀槽、污水收集池、污染泄漏点等。

2. 调查深度

根据潜在污染物性质和迁移特性、土层结构、水文地质特征、地块规划建设需要，确定土壤钻孔深度。原则上，调查深度需采集到原状土并且达到未受污染深度为止。电镀企业地块污染主要集中在土壤浅层，在初步采样分析阶段，土壤钻孔深度一般不小于地表以下 3 m（扣除地表非土壤硬化层的厚度）。在钻探过程中，利用 PID、XRF 等快筛仪器辅助判断土壤污染情况，并根据检测结果确定是否需要进行更深的钻孔采样。

地下管道、沟渠、罐槽等区域的采样深度结合土层结构来确定，原则上不小于管道埋深或沟渠、罐槽、污水池等底部以下 2 m。

一般情况下，土壤钻探不可穿透潜水层隔水底板。确需穿透潜水层隔水底板时，应使用套管并进行分层止水，防止上层受污染的土壤或地下水随钻孔污染下层含水层。

土壤钻孔取样对象是去除地表硬化层后地表以下的土层，采样深度应统筹考虑地下水水位和土层特性垂向变异对污染物迁移扩散的影响。土壤采样及快筛示意图如图 9-1 所示，重点采集下列土壤样品：

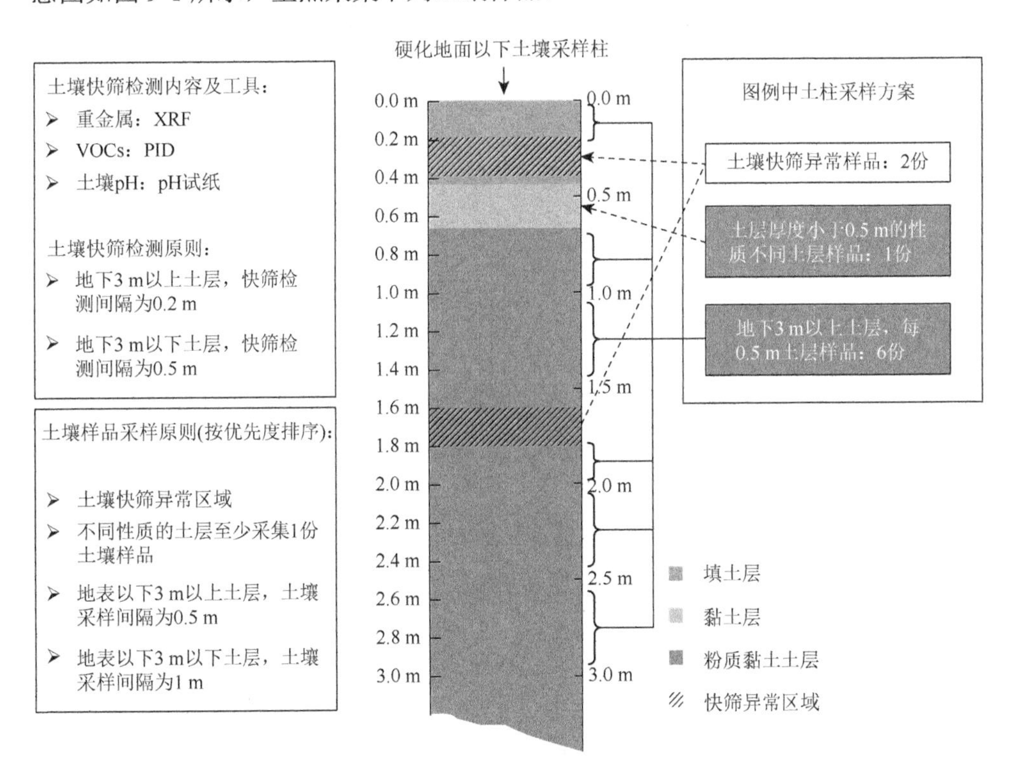

图 9-1　土壤采样及快筛示意图

（1）土壤快筛检测异常区域，土壤快筛检测原则详见 9.4 节；

（2）不同性质的土层至少采集 1 份土壤样品，每个点位至少采集 3 个不同深度的土壤样品；

（3）地表以下 3 m 以上土层，土壤采样间隔为 0.5 m；

（4）地表以下 3 m 以下土层，土壤采样间隔为 1 m；

（5）土层特性垂向变异较大、地层厚度较大或存在明显杂填区域，可能会在土层交界处累积污染物，采样时宜注意土层交界处；

（6）存在污染痕迹或现场快速检测识别出的污染相对较重的点位，可以缩短采样间隔，适当增加土壤样品数量。

9.1.3　地下水布点技术要求

1. 布点位置与数量

地块内地下水监测点一般采用专业判断法布设（图 9-2），其布设原则如下。

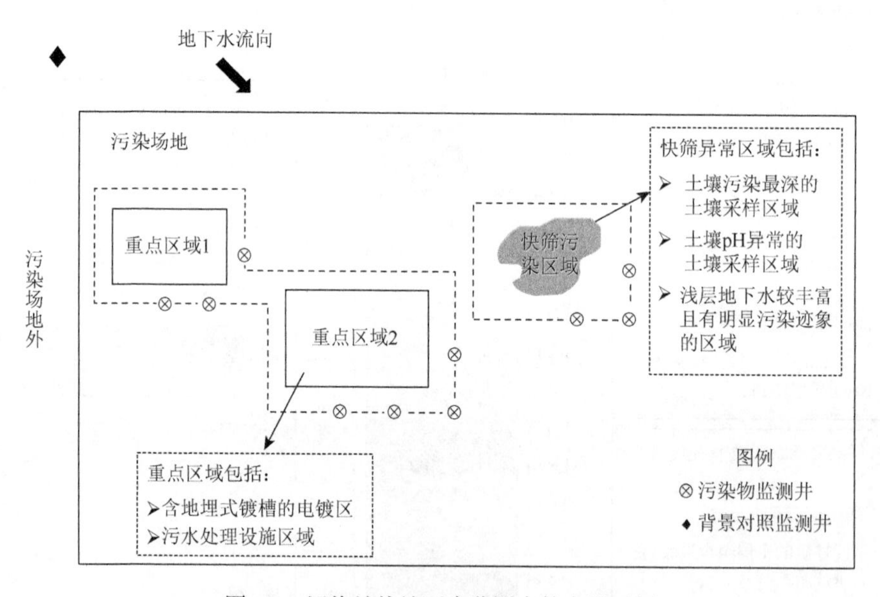

图 9-2　污染地块地下水监测点的布设示例

（1）地下水监测点应设置在疑似污染源所在位置（如生产设施、罐槽、污染泄漏点等）和污染物迁移的下游方向。

（2）优先选择土壤污染最深的土壤采样点位（根据快筛检测结果判断）布设地下水监测点。

（3）优先选择土壤 pH 异常的土壤采样点位附近（过酸/过碱）。

（4）优先选择土壤质地偏粉土和砂土的土壤采样点位附近。

（5）当地下水流向不明确时，应结合土壤采样点位置，在疑似污染源周边布设地下水监测井，确保疑似污染源四周均存在土壤或地下水监测点。

（6）地下水监测点数量可以参照土壤监测点数量的 30%～50%来设置，原则上不少于 3 个，具体数量可根据地块大小、潜在污染分布等实际情况进行适当调整，尽量避免在同一直线上。

（7）如果地块面积较大，浅层地下水较丰富且有明显污染迹象，可在地下水径流的上游和下游各增设 1～2 个监测井。可将符合调查布点和采样技术要求的现有监测井、民用井作为地下水采样点。

（8）可在调查地块外、地下水上游选择清洁位置布设 1 个地下水监测井对照点，对调查地块地下水受影响情况进行对比分析。

2. 地下水监测井设置参数

在初步采样分析阶段，地下水监测主要集中在潜水含水层，钻孔深度以揭露潜水含水层并且不穿透隔水底板为准。如果潜水含水层厚度较大，地下水建井深度应不小于潜层地下水埋深以下 5.0 m。

当调查对象附近有地下水饮用水源地时，重点监控开采层，对主开采层地下水进行监测。

9.2　详细采样分析布点方案设计

9.2.1　土壤布点技术要求

1. 布点位置与数量

1）直接进入详细调查阶段的地块

地块内生产设施等已拆除、地貌严重破坏、地块历史生产活动和生产布局无法确定时，一般采用系统（网格）布点法揭示地块中的未知污染。表 9-2 列出了在给定面积（如 400 m^2）地块内，以一定概率捕捉到未知污染区域所需的采样点数量。例如，在 400 m^2 的地块范围内布设 24 个采样点（钻孔），发现直径 5 m 的污染区域的概率达到 95%。从理论上看，点位布设密度越大，捕捉到污染的可能性越高。当钻孔数量不足时，则捕捉到全部较小污染区域并完全摸透污染状况的可能性极低。另外，采样密度过大虽然可以增加捕捉到小范围污染区域的概率，但在经济上往往不可行。

表 9-2 捕捉污染区域所需的采样点数目（400 m² 地块）

污染区域直径/m	污染面积占比/%	不同概率污染热点的采样点数			
		50%	90%	95%	99%
10	20	2	5	6	7
7	10	5	10	12	15
5	5	10	20	24	29
3	2	28	54	65	81
2	0.8	62	122	147	183
1	0.2	249	488	589	731

采用系统（网格）布点方式时，考虑采样调查效果和经济成本，同时考虑电镀生产车间面积相对较小，建议单个土壤钻孔代表区域不宜大于 100 m^2（10 m×10 m）。钻孔采样时，配合使用现场快速检测手段，选择快速筛查数值相对较高的钻孔采集土壤样品，送实验室检测分析。原则上地块面积≤5000 m^2 时，经快筛最终送实验室分析样品的土壤钻孔不少于 5 个；地块面积＞5000 m^2 时，经快筛最终送实验室分析样品的土壤钻孔不少于 6 个，且单个监测网格面积不大于 1600 m^2（40 m×40 m 网格）。

2）有初步调查基础的地块

在初步调查结果的基础上，结合地块分区，采用系统布点法或专业判断法进行加密布点，并制订采样方案。

污染识别和初步调查筛选出的超标污染源所在位置需布设不少于 2 个采样点，受污染区域土壤采样点位数每 100 m^2（10 m×10 m 网格）不少于 1 个，其他区域则每 400 m^2（20 m×20 m 网格）不少于 1 个。

2. 调查深度

详细采样分析阶段土壤调查深度应超过初步采样分析阶段所揭示的最大污染深度，以明确土壤污染深度。

直接进入详细采样分析阶段地块的土壤调查深度及垂向采样间隔见 9.1 节相关要求。

9.2.2 工作范围

直接进入详细调查阶段的地块：生产设施等已拆除、地貌严重破坏、地块历史生产活动和生产布局无法确定的电镀企业用地，直接进入详细调查阶段，详细采样分析工作范围为地块边界范围。

有初步调查基础的地块：详细调查的对象为经初步采样分析发现土壤中污染物含量超出国家或地方有关建设用地土壤污染风险管控标准（筛选值）或清洁对照点含量（有土壤环境背景的无机物）以及地下水中污染物含量未超过国家相关标准限值的地块，若地块内的污染物存在扩散到地块边界外的可能，工作范围还应扩展到地块周边的疑似受污染区域。

9.2.3　地下水布点技术要求

根据初步采样分析结果，结合污染羽流空间分布初步估算结果，布设详细采样分析阶段地下水监测点（图9-3）。地下水污染羽估计范围内的纵、横边界均应布设监测井进行控制。

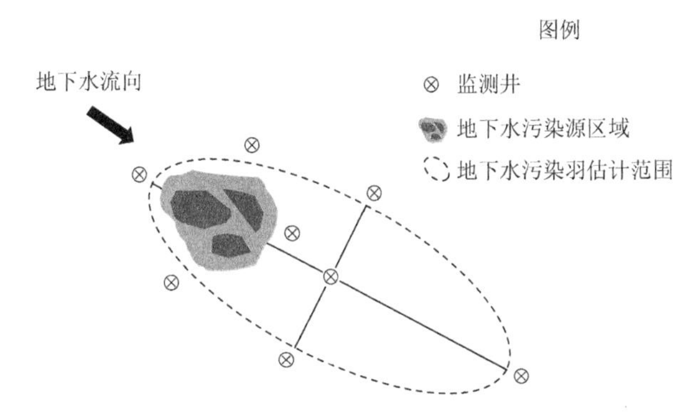

图9-3　参考污染羽流空间分布的地下水监测点布设示意

直接进入详细调查阶段地块地下水监测点位的布设可参照土壤详细调查监测点位的布设方法和9.1.3节相关要求。根据实际情况需在土壤污染较重区域进行加密布点。

需要划定地下水污染边界范围的区域，地下水采样单元面积不大于1600 m^2（40 m×40 m网格），其他区域地下水采样点单元面积不大于6400 m^2（80 m×80 m网格）。

9.3　水文地质调查方案设计

水文地质调查可与详细采样分析同步进行。按照《岩土工程勘察规范》（2009版）、《供水水文地质勘察规范》（GB 50027—2001）、《土工试验方法标准》（GB/T 50123—2019）等标准规范要求，通过钻探、现场试验、室内分析等工作，获取地块土层分布、岩土体主要物理力学性质、含水层和弱透水层结构及分布特征、地下水补给、径流、排泄条件、地下水流场特征、水文地质参数等关键信息。

水文地质钻孔数量应至少满足横向、纵向水文地质剖面图绘制需要，原则上不少于 4 个。如果存在下列情况，可以针对性地增加水文地质钻孔数量，避免遗漏关键地质信息。

（1）区域地质资料显示，地块涉及多个水文地质单元；

（2）区域地质资料显示，地块所属区域含水层结构复杂；

（3）地块地形地貌复杂、起伏较大；

（4）区域地质资料匮乏，有效信息缺失。

钻探深度原则上应穿透污染源下伏的第一个稳定含水层（潜水或弱承压水），在不穿透隔水底板的情况下进入含水层以下弱透水层不小于 2 m；稳定含水层厚度较大时，钻探深度不宜小于 20 m。

不同性质的土层至少采集 1 个土壤岩心样品，同一土层厚度大于 5 m 时采集不少于 2 份土壤岩心样品。测定岩心样品土壤容重、含水率、颗粒密度、有机质含量、渗透系数等项目。

水文地质参数现场测定方法见表 9-3。根据现场实际情况和需要，选择适当方法获取相应水文地质参数。

表 9-3 水文地质参数现场测定方法

现场试验方法		测定参数	应用范围
注水试验	常水头法	渗透系数	地下水位以下渗透性较大的粉土、砂土和砂卵砾石
	变水头法	渗透系数	地下水位以下渗透系数比较小的黏土层
抽水试验	单孔抽水	渗透系数	初步测定含水层渗透系数
	多孔抽水	渗透系数、影响半径、给水度/释水系数	较准确测定含水层渗透系数
微水试验		渗透系数	确定的含水层参数仅代表监测井附近小范围岩土体的渗透性
压水试验		透水率	坚硬与半坚硬岩层
弥散试验	天然状态法	弥散系数	黏土、粉土、砂土
	附加水头法		粉土、砂土等渗透性较好的土层
	连续注入法		地下水位以下黏土等渗透性较差的土层
	脉冲注入法		黏土等渗透性较差的土层

掌握下列资料中的任一项，且经分析可知已有信息满足后续工作需要时，可适当简化现场水文地质调查工作：

（1）调查地块的岩土工程勘察报告；

（2）调查地块所在区域高精度水文地质资料（比例尺不低于 1∶10000）。

9.4　现场检测方案设计

9.4.1　现场检测内容

现场快筛检测主要包括地块污染筛查、土壤污染送检样品筛选、地下水污染调查与动态监测等方面，主要检测内容为重金属、VOCs、土壤及水体的基本理化性质等，检测对象主要为钻孔取样的土壤样品和监测井的地下水样品。

9.4.2　现场检测技术要求

对于钻孔取样的土壤样品，现场快筛检测一般要求包括：

（1）设备的自检与校准。以保证设备的准确性和检测数据的正确性，在现场快筛检测前，需对快筛检测设备的零点及量程点进行校准。

（2）现场快筛检测的垂向间隔一般为 0.5 m，可根据土层性质、污染分布等实际情况调整，但现场快筛检测垂向间隔不宜超过 2 m。

（3）对于重金属易于累积的地表以下 1 m 内土层，以及电镀企业地下管道所在位置的土层（约 2～3 m），可以缩小现场快筛检测的垂向间隔，如垂向间隔 0.2 m。

（4）在现场检测过程中，垂向快筛检测间隔应根据现场检测数据的波动情况而调整，如快筛检测数据波动较大（如出现异常高值），则可缩小快筛检测间隔，增加快筛检测密度。还可以参照比对土壤污染风险管控标准和区域自然背景值，当快筛数据接近标准值或背景值时，可以减小检测垂向间隔，以便更合理地筛选送检样品、精准判断污染深度。

（5）快筛检测内容包括土壤重金属、VOCs 总量和土壤 pH。

对于监测井的地下水样品，现场快筛检测原则包括：

（1）快筛样品必须是经过充分洗井后采集的地下水样品；

（2）现场检测的内容包括水样 pH、电导率、溶氧量、温度、氧化还原电位等。

9.4.3　便携式仪器类型及其操作

便携式仪器的检测数据大多为半定量分析结果，只能用于调查现场判断，不能作为风险评估的数据依据。

使用便携式仪器进行地块污染调查时，应充分了解其工作原理、使用环境、检测范围、检测及校正步骤、仪器维护与保养等。

污染地块调查中常用的便携式仪器类型及功能见表 9-4。

表 9-4　常见便携式仪器类型及功能

序号	仪器类型	功能	图示
1	X 射线荧光光谱仪（XRF）	检测土壤中铜、锌、镍、铬等几十种重金属、类金属含量	
2	光离子化检测仪（PID）	检测气体中挥发性有机物及氨、二硫化碳、甲醛、硫化氢等无机物，对芳香烃、氯代烃和不饱和烃敏感度较高	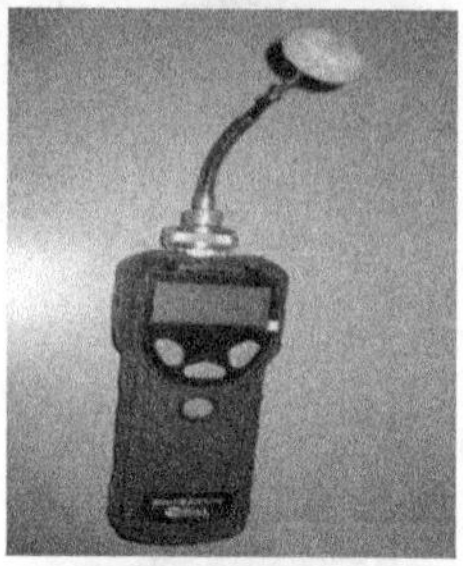
3	火焰离子化检测仪（FID）	对大多数有机蒸气均能产生明显响应；对脂肪族、直链碳氢化合物敏感度较高	
4	便携式气相色谱仪	可快速检测土壤、水体和空气等环境样品中的有机类特征污染物	
5	土壤多参数检测仪	检测土壤中含水率、pH、电导率等指标	

续表

序号	仪器类型	功能	图示
6	水质多参数检测仪	检测水的温度、pH、氧化还原电位、溶解氧、电导率等水质指标	
7	油水界面仪	用于监测井中地下水位深度测量、油水界面的检测	

1. 土壤重金属现场快速检测

土壤重金属含量现场快速检测可使用便携式 XRF（图 9-4），其操作流程如下。

（1）设备自检和校准。快速检测设备长时间闲置未使用（如 1 个月等），或使用环境发生很大变化时，使用前首先需要进行自检和校准，自检校准后方可进行现场检测。

图 9-4　土壤重金属 XRF 现场检测

（2）现场检测。用木质采样铲采集或截取部分钻孔采样土柱土壤或底泥置于聚乙烯自封袋中，自封袋内土壤样品体积应占自封袋体积的 1/2～2/3，取样后在 30 min 内完成快速检测。

（3）根据检测需求，调整便携式 XRF 中检测重金属的种类与检测时间等参数。

（4）检测时，将土样揉碎、混合、铺平后，用 XRF 探头隔着自封袋顶住样品进行检测，检测完毕后记录读数。

2. 土壤有机物现场快速检测

土壤有机物快速检测通过便携式 FID、PID（图 9-5）或便携式 GC-MS（p GC-MS，图 9-6）进行。其中，p GC-MS 详细操作流程需参考仪器说明进行；FID 或 PID 的操作流程如下。

图 9-5　土壤 VOCs 的 PID 现场检测

图 9-6　土壤 p GC-MS 的现场检测

（1）在地块调查前，校准 FID、PID 仪器的零点和量程点，确保仪器检测的准确性。通常采用零气（高纯度的空气/除烃空气）校准设备零点；采用量程气校准仪器量程，具体浓度根据实际地块情况而定。完成 FID、PID 校准后，方可进行现场快速检测。

（2）用采样铲采集土壤置于聚乙烯自封袋中，自封袋中土壤样品体积应占自封袋体积的 1/2～2/3，取样后，自封袋应置于背光处，避免阳光直晒，取样后在 30 min 内完成快速检测。

（3）检测时，将土样尽量揉碎，放置 10 min 后摇晃或振荡自封袋约 30 s，静置 2 min 后，待土壤有机物挥发充分后，将 PID、FID 探头放入自封袋顶空 1/2 处，紧闭自封袋，并记录最高读数。

3. 土壤基本理化性质现场快速检测

调查地块土壤基本理化性质，如土壤 pH、盐分、温度等指标，可以通过土壤多参数检测仪进行现场快速检测，操作流程如下。

（1）根据检测需求，在土壤多参数检测仪中选用合适的检测探头或传感器，并与检测主机相连接。

（2）将检测探头插入土壤或将固态传感器埋入土中，开始检测，记录相应的读数；如遇硬化地面，需提前破开，以便进行检测。

4. 地下水、地表水性质现场快速检测

通过水质多参数检测仪、油水界面仪等现场快速检测（图 9-7），调查地块地下水、地表积水的污染情况和基本性质，如 pH、电导率、温度、重金属浓度、氰

图 9-7　地表水现场检测

化物、各类无机盐类组成、水位深度等，有助于判断污染可能性、污染来源或污染扩散状况。具体操作要根据仪器生产厂家以及检测范围而定，使用前均需校准设备，详细操作流程参考相应的仪器说明。

9.5　实验室检测分析方案

9.5.1　检测分析指标

根据土壤污染状况调查第一阶段潜在污染识别（资料收集分析、现场踏勘、人员访谈等）的结果，在充分分析地块内和周边地块的现状和利用历史的基础上，确定土壤和地下水的检测分析指标。

电镀企业地块污染一般以重金属污染为主，污染的主要来源多为电镀废水，污染物种类与其电镀生产的镀种密切相关，详情参阅表 2-5。在某些特殊情况下，如燃煤锅炉区、原辅料仓库也可能存在有机污染。在详细了解电镀生产布局、生产工艺的基础上，可参考表 5-1 和表 9-5 确定检测分析指标。

根据土壤污染状况调查检测项目的保守性原则，土壤检测项目一般包括：

（1）《土壤环境质量　建设用地土壤污染风险管控标准（试行）》（GB 36600—2018）中表 1 基本项目中所列的全部 45 项指标；

（2）土壤 pH 和特征污染物（可参考表 9-5 建议检测项目）；

（3）经资料分析确定的地块利用历史和周边企业可能涉及的其他污染物；

（4）现场快速检测显示异常结果的其他污染物。

地下水检测项目与土壤检测项目保持一致，有利于污染溯源分析，地下水检测项目一般包括：

（1）土壤样品检测分析项目；

（2）特征污染物（可参考表 9-5 地下水建议检测项目）；

（3）《地下水质量标准》（GB/T 14848—2017）规定的常规指标中“感官性状及一般化学指标”和“常见毒理学指标”。

表 9-5　电镀典型工序特征污染物及建议检测项目

序号	典型工序	特征污染物	土壤建议检测项目	地下水建议检测项目
1	除油	苯、甲苯、三氯乙烯、三氯乙烷、四氯乙烯、四氯化碳、TPH（C_{10}～C_{40}）、磷	苯、甲苯、三氯乙烯、三氯乙烷、四氯乙烯、四氯化碳、TPH（C_{10}～C_{40}）	苯、甲苯、三氯乙烯、三氯乙烷、四氯乙烯、四氯化碳、TPH（C_{10}～C_{40}）、磷酸盐
2	镀锌	锌、氰化物、硫酸盐、氯化物	锌、氰化物	锌、氰化物、硫酸盐、氯化物

续表

序号	典型工序	特征污染物	土壤建议检测项目	地下水建议检测项目
3	镀铜	铜、氰化物、硫酸盐、硝酸盐、氯化物	铜、氰化物	铜、氰化物、硫酸盐、硝酸盐、氯化物
4	镀镍	镍、铅、硫酸盐、氯化物、氟化物	镍、铅、氟化物	镍、铅、硫酸盐、氯化物、氟化物
5	镀铬	总铬、六价铬、硫酸盐、硝酸盐、氟化物	总铬、六价铬、氟化物	总铬、六价铬、硫酸盐、硝酸盐、氟化物
6	镀锡	锡、铅、硫酸盐、苯酚	锡、铅、苯酚	锡、铅、硫酸盐、苯酚
7	镀金	金、锑、氰化物、氯化物、铊	锑、氰化物、铊	锑、氰化物、氯化物、铊
8	镀银	银、氰化物、硝酸盐、氯化物、硫酸盐	银、氰化物	银、氰化物、硝酸盐、氯化物、硫酸盐
9	镀镉	镉、镍、氰化物、硫酸盐、苯酚	镉、镍、氰化物、苯酚	镉、镍、氰化物、硫酸盐、苯酚
10	钝化	铬、六价铬	铬、六价铬	铬、六价铬
11	出光	铬、六价铬、硝酸盐、氯化物、硫酸盐	铬、六价铬	铬、六价铬、硝酸盐、氯化物、硫酸盐
12	酸洗	硫酸盐、氯化物、硝酸盐、氟化物、铬、六价铬、铜、锌	氟化物、铬、六价铬、铜、锌	硫酸盐、氯化物、硝酸盐、氟化物、铬、六价铬、铜、锌
13	抛光	硫酸盐、氯化物、硝酸盐、氟化物、磷酸盐、铬、六价铬、铜、镍	氟化物、铬、六价铬、铜、镍	硫酸盐、氯化物、硝酸盐、氟化物、磷酸盐、铬、六价铬、铜、镍

原则上，当土壤样品 PID 现场快速检测结果扣除本底影响后大于 500 ppb（1 ppb 表示 10^{-9}）时，应考虑检测总石油烃、挥发性有机物、半挥发性有机物；XRF 现场快速检测结果上限值与环境背景值相近且无明显异常的重金属（可参考国家或地方相应筛选值）时，可以不作监测。在初步采样分析阶段，根据污染识别结果能够明确排除的污染因子，可以不进行检测分析，但必须进行充分的情况说明。

9.5.2　检测分析方法

样品检测实验室应具备相应的检测资质，分析方法在实验室资质认定范围内应用。检测分析方法参照标准的优先顺序依次为国家标准《土壤环境质量 建设用地土壤污染风险管控标准（试行）》（GB 36600—2018）、《地下水质量标准》（GB/T 14848—2017）等，《全国土壤污染状况详查 土壤样品分析测试方法技术规定》《全国土壤污染状况详查 地下水样品分析测试方法技术规定》，环保行业标准

《地下水环境监测技术规范》（HJ 164—2020）、《土壤环境监测技术规范》（HJ/T 166—2004）等。其他可参考标准的应用顺序为国内其他行业或地方标准、国际标准、其他国家现行有效的标准或规范，但应标注出处和适用性。如果暂无标准检测分析方法，可以根据污染物理化特性按照《环境监测分析方法标准制订技术导则》（HJ 168—2020）的相关要求自行开发检测方法，并出具认证报告。

检测分析方案中需对各检测分析项目的分析测试方法、检出限等进行详细规定。

检测实验室应在样品所属地块调查工作完成前保留送检样品，必要时保留样品提取液（有机检测项目）。

9.5.3 质量控制

实验室检测的质控涉及以下内容：

（1）样品的分析和测试工作应委托具有中国计量认证（China metrology accreditation，CMA）资质的检测机构承担。

（2）按照相关检测技术规范、检测标准的要求，进行现场采样、样品保存和流转、样品制备和前处理，并在检测报告中列出各项检测项目的具体相关要求。

（3）在样品分析过程中，按照各检测方法的规定做好运输空白、实验室空白、现场密码平行样、实验室平行样、质控样、加标回收等质控措施，并编制质控报告和质控统计表。必要时，将现场密码平行样送交若干实验室进行比对验证。

（4）对于每批次样品，按照介质分别设置不少于地块总样品数 10%的现场平行样；根据检测方法要求，设置空白样品，检测方法无规定时，每批样品或每 20 个样品至少设置 1 个空白样（运输空白和实验室空白）；实验室检测应按照检测方法的要求开展空白加标、制件加标或替代物加标回收试验。实验室质量控制按照现行有效的监测技术规范和检测方法的相关规定执行。质控分析结果不合格时，应查找原因，并对同一批样品进行再次分析。当检测数据出现明显不合理时，应进行实验室间比对检测或重新采样检测。

（5）负责土壤污染状况调查评估的实验室应当保存所有样品检测的原始数据资料（包括电子数据）以备检查，原则上至少保存 20 年。

第10章　现场作业规范

根据电镀行业污染地块土壤特征、污染物特征及现场周围环境等特点，拟定地块现场作业内容，包括采样准备、钻孔、建井、槽探、样品采集、样品保存与流转等各个环节。相应的记录表格格式和采样规范操作流程参阅附录C～J。

10.1　采样准备

采样前的准备工作包括以下内容。

（1）依据采样方案，选择适合的钻探方法和设备，与钻探单位和检测单位进行技术交底，制订明确的任务分工和工作要求。选取钻探设备时，应综合考虑地块的建构筑物条件、安全条件、地层岩性、采样深度和污染物特性等因素，以满足取样的要求。

目前，土壤污染状况调查中常用的钻探方法有直推钻井法、螺旋钻探法、冲击钻探法、手工钻探法等。

直推钻井法主要适用于均质地层，典型采样深度一般在6～7.5 m，不适用于坚硬岩层、卵石层和流沙地层的样品采集。由于钻井过程中不需要添加水或泥浆等冲洗剂，因此引入外源污染的可能性较低，而且对土层的扰动较小。

螺旋钻探法的钻探深度受钻具和岩层的影响，一般可达到40 m，但不适用于坚硬岩层、卵石层和流沙地层的样品采集。采样过程中不需要泥浆护壁，从而避免了泥浆污染土壤样品。此外，螺旋钻探法的钻孔孔径较大，可在钻杆中心部分直接建设地下水监测井。

冲击钻探法可用于碎石、卵石层的样品采集，钻探深度可达30 m，钻井过程无须添加水或泥浆等冲洗介质，可以采集未经扰动的样品，对人体健康安全和地面环境影响较小。

手工钻探法采用人工操作，常用于机械难以作业的场地，钻井深度受地层的坚硬程度和人为因素影响较大，一般不超过5 m，当有碎石等障碍物存在时，则很难继续进行钻孔。由于手工钻探过程中会有杂物进入钻孔，可能导致土壤样品交叉污染。一般情况下，手工钻探只能获得少量土壤样品，并且难以采集到砂土样品。

（2）与土地使用权人沟通并确认采样方案，向其提出现场采样调查需协助配合的具体要求。

（3）由采样调查单位、土地使用权人和钻探单位组织进场前安全教育，培训内容包括设备的安全使用、现场人员安全防护及应急预案等。

（4）采样工具应根据土壤样品的检测项目进行选择。VOCs 土壤样品的采集使用非扰动采样器，非挥发性和半挥发性有机物（SVOCs）土壤样品可使用不锈钢铲或表面镀特氟龙膜的采样铲进行采集，重金属土壤样品可使用塑料铲或竹铲采集。

（5）根据地下水样品采集需要，选择并准备合适的洗井和采样设备，检查洗井和采样设备的运行情况，确保设备材质不会对样品检测造成影响。对含 VOCs 的地下水进行洗井和采样时，优先考虑采用气囊泵或低流量潜水泵，或具有低流量调节阀的贝勒管。

常用的地下水洗井、采样设备有贝勒管、低流量气囊泵、蠕动泵、潜水泵等。

贝勒管适用于大多数场景下的地下水样品采集，其应用不受采样深度影响，且成本低廉、设备轻便、操作简单，但监测井的口径需要大于贝勒管直径。在深井或大口径监测井进行洗井、采样时，需要大量的人力。由于贝勒管洗井速度相对较慢，常常无法彻底清洗出建井过程中产生的土粒和粉土。

低流量气囊泵适用于井筛较短及井口径较小的采样井（井径≥2 cm，井深≤65 m），其对水体的扰动较小且不带出沉底泥沙，通常用于采样前洗井，对深井或大口径监测井的冲洗速度较慢。

蠕动泵适用于井筛较短的采样井（井径≥2 cm，井深≤10 m），其对水体扰动较小且不带出沉底泥沙，而且可以调节出水流量。

潜水泵适用于各种场地的成井洗井（井径≥5 cm，井深≤90 m），其洗井流量大且流速可调节，但电机发热会影响水质，增加设备的故障率。

（6）根据土壤、地下水采样现场监测需要，准备 XRF、PID、FID、pH 计、溶解氧仪、电导率和氧化还原电位仪等现场快筛设备及便携式智能终端。使用前检查设备运行状况并对其进行校准。

（7）根据样品保存需要，准备冰柜、样品箱、样品容器和蓝冰等样品保存工具，并对设备的保温效果、样品瓶种类和数量、保护剂添加等情况进行检查。

（8）准备安全防护口罩、一次性防护手套、安全帽等人员安全防护用品。

（9）准备采样记录单、影像记录设备、防雨器具、现场通信工具等其他采样辅助物品。

10.2 钻　　孔

10.2.1 定位

进行土壤污染状况调查时，原则上选用 2000 国家大地坐标系，对调查地块边界、地块内构筑物和设施、已确认的调查采样点位等进行精确测绘和放样，获取相关坐标和高程信息。

根据采样布点设计图，利用全站仪、实时动态（real-time kinematic，RTK）测量仪或亚米级全球定位系统(global positioning system，GPS)等仪器对采样点进行现场定位（图 10-1）。采样点位置确认后，保留钉桩、旗帜等醒目标识，并标明编号。

(a) RTK测量仪

(b) 全站仪

图 10-1　现场测绘

在定点过程中，如果设计布点位置出现积水、地面松软、地下管线或构筑物等不利因素，则根据实际需要对采样点位置进行适当调整。调查人员应详细记录调整原因与调整结果，确定并记录实际采样点坐标、高程等地理属性。

10.2.2　技术要求

钻孔作业应符合下列要求并考虑相关注意事项。

（1）钻探前应探明采样点所在位置的地下情况，避免安全事故的发生。若地下情况不明，可选用手工钻探、物探设备、人工试挖等方式进行勘探。相关原位物探技术参见“第 7 章　地块污染原位初探”。

（2）钻探前应向土地使用权人确认点位下方是否存在管线，待土地使用权人在点位确认表上签字确认后，方可进行钻探作业。钻探前根据钻探设备实际需要清理作业面、架设钻机、设置警示牌或警戒线。

（3）钻井设备和机具进入场地前，应使用无磷洗涤液和纯净水对其进行彻底清洗（图 10-2），钻进设备各接口和动力装置均应进行漏油检测，不得泄漏燃油或润滑油，以免造成二次污染。在地块存放机具时应避免其受地面污染。

图 10-2 清洗钻具

（4）使用 SH-30 型、XY-1 型等岩土工程勘察常用的钻机进行钻探时，应注意以下事项：①钻探过程应严格执行《建筑工程地质勘探与取样技术规程》（JGJ/T 87—2012）相关要求。为避免产生交叉污染影响调查结果，钻探过程应全程采用套管跟进，并尽可能采用无浆液钻井。②一般情况下，在黏性土中，回次进尺（在一个起下钻的循环时间内钻探或钻井的深度）不宜超过 2.0 m；在粉土、饱和砂土中，回次进尺不宜超过 1.0 m；在预计的地层界线附近和重点关注的疑似污染层次，回次进尺不宜超过 0.5 m；在采集原状土样前用螺旋钻头清土时，回次进尺不宜超过 0.3 m。③钻探过程中，岩芯采取率应逐回次计算，黏土层采取率≥90%，地下水位以上粉土、砂土层采取率≥80%，地下水位以下粉土、砂土层采取率≥70%；碎石土层采取率≥50%；完整岩层采取率≥80%；破碎岩层采取率≥65%。较浅钻孔和松散土层，宜采用压入法或冲击法取样；较深钻孔和坚实土层，宜采用回转法取样。

（5）使用 Geoprobe 或其他同类型国产设备进行双套管直压方式钻探时，应注意以下几点：①直压取土使用的外管直径一般约为 2.25 in（1 in = 2.54 cm）。取芯管直径约 1.5 in，单管长约 1.5 m，采用 PVC 或聚对苯二甲酸乙二醇酯-1,4-环己二烯二亚甲基对苯二甲酸酯（poly ethylene terephthalateco-1,4-cylclohexylenedimethylene terephthalate，PETG）材料。直推取土外管压入时应尽可能与地面垂直。在饱和砂土层中钻探时，应采用底部带有倒刺的取芯管，防止土芯脱落。②现场采样时，如出现首管采取率较低、土芯长度小于 0.5 m 的情况，应使用手动钻进方式补采浅层土壤；出现自地面起连续两管土芯长度不足 0.5 m 的情况，则代表地块地表曾有较大扰动，应考虑适当增加该采样点钻探深度，并在采样点相邻位置采用大直径外管或其他钻探方式补足缺失深度样品。如连续出现空管情况，应停止钻探，检查土芯是否脱落，如无土芯掉落等异常情况，则适当调整采样点位置，继续钻探作业。③根据现场实际经验，在松散土层中，钻探深度可达到 15～20 m。可塑、硬塑状态的黏土、较密实的粉土、饱和砂土等在直压过程中容易发生取芯管充满爆裂的情况。当钻探明显受阻时，应取出当前取芯管，更换新的取芯管继续钻入。如果连续出现受阻情况，且钻探深度仍在重点关注的层位内，应考虑调整钻探机械，采用其他钻探方式钻取下层样品。

（6）在初步采样分析阶段为避免钻穿揭露的第一个稳定含水层底板，可采取下列预防措施：①优先考虑选择熟悉当地水文地质条件的钻探单位进行钻探作业。调查人员应会同钻探单位结合已有的水文地质资料，初步确定钻探安全深度。②当钻探接近设计安全深度时，采用较小的单次钻深，密切观察采出岩芯情况，若发现揭露隔水层，立即停止钻探；若发现已钻穿隔水层，立即提钻，将钻孔底部至隔水层投入足量止水材料进行封堵、压实。

（7）若初步采样分析结果显示，第一个稳定含水层底板土壤存在污染，在详细采样阶段，应揭穿底板采集更深层次土壤样品，并在钻探时全程套管跟进。

（8）在钻孔过程中，按要求填写土壤钻孔采样记录单，对采样点、钻进操作、岩芯箱/取芯管、钻孔记录单等环节进行拍照记录。钻进操作照片应体现开孔、套管跟进、钻杆更换和取土器使用、原状土样采集等环节；岩芯箱/取芯管照片应反映整个钻孔土层结构特征，重点突出土层地质变化和污染特征，每个钻孔的所有取芯管或每个岩芯箱至少拍摄 1 张照片。此外，还应拍摄钻孔完成后照片（含钻孔编号和钻孔深度标识牌）、钻孔记录单照片等。

（9）钻孔结束后，不设立地下水监测井的钻孔应立即使用膨润土封孔并将作业区地面清理干净（图 10-3 和图 10-4）。设置地下水监测井的钻孔应尽快衔接建井作业。

图 10-3　使用膨润土封孔

图 10-4 收集现场作业产生的垃圾

10.3 建　井

10.3.1 结构设计要求

根据地下水采样目的，合理设计采样井结构，具体包括井管、滤水管、填料等。建井完成后填写建井记录表格（参见附录 F）。

1. 井管设计

在满足洗井和样品采集要求的前提下，尽量选择小口径井管，标准井管内径一般不小于 50 mm。当同时用作抽水试验井时，井管内径不宜小于 100 mm。

非承压含水层监测井自上而下管径不变，深层承压含水层监测井自上而下管径由大到小。

监测井井管应选用坚固、耐腐蚀、对地下水水质无污染的材料。电镀企业用地以重金属、酸碱等污染为主，宜选择 PVC 材质的管件。

井管采用螺纹或卡扣连接，避免使用黏合剂。井管连接后，各井管轴心线应保持一致。

2. 滤水管设计

滤水管型号、材质等应与井管匹配。为了避免钻穿含水层底板，地下水位以下的滤水管长度不宜超过 3 m，地下水位以上的滤水管长度根据地下水位动态变化确定。根据潜水水位面的深度及其到承压含水层顶板的距离确定潜水监测井滤管的深度和长度。

为了获得有代表性的水样，将滤管置于拟取样的含水层中。若地下水中可能或已经发现存在轻质非水相液体（light non-aqueous phase liquid，LNAPL），滤水管位置应达到潜水面处；若地下水中可能或已经发现存在高密度非水相液体（dense non-aqueous phase liquid，DNAPL），滤水管应达到潜水层的底部，但应避免穿透隔水层。

一般情况下，滤水管采用缝宽 0.2～0.5 mm 的割缝筛管或孔隙能够阻挡 90%滤层材料的滤水管，滤水管外使用细铁丝包裹和固定 2～3 层的 40 目钢丝网或尼龙网。滤水管底部宜设置长度为 50 cm 的沉淀管，若含水层厚度超过 3 m，地下水监测井可不设置沉淀管，但须用管堵进行密封。

3. 填料设计

地下水采样井填料从下至上依次为滤料层、止水层、密封层。滤料层材料采用球度和圆度良好、无污染的石英砂，止水层采用膨润土球，密封层一般采用水泥浆。水泥浆中可添加一定比例的膨润土。

滤料层的作用是防止细颗粒土壤进入监测井，从而影响地下水水质或淤堵监测井。滤料层的高度由井底沉淀管（或管堵）向上至超出滤水管顶部 50 cm 处。滤料层厚度应不小于 25 mm。当采样井拟用于抽水试验时，滤料层厚度应不小于 50 mm。滤料粒径根据目标含水层土壤粒度确定，一般为 1～2 mm。滤料层材料在使用前宜经过筛选和清洗，避免影响地下水水质。

止水层主要用于防止雨水等外来水通过滤料层进入井内。止水层的位置一般在隔水层或弱透水层，可根据钻孔含水层的分布确定。建议选用直径 20～40 mm 球状膨润土填充作为止水层，止水层的厚度不宜低于 50 cm。

回填层位于止水层以上至地面，可根据地块条件选择适当的回填材料。优先选用膨润土作为回填材料，当地下水含有可能导致膨润土水化不良的成分时，可选择混凝土浆作为回填材料。使用混凝土浆作为回填材料时，可在混凝土浆中添加 5%～10%的膨润土来延缓固化时间。不宜使用钻探出的土壤和监测井周围的土壤材料回填监测井。

10.3.2　建设与维护要求

监测井建设过程包括钻孔、下管、填充滤料、密封止水、井台构筑（长期监测井需要）、成井洗井、封井等工序（图 10-5），具体要求如下。

（1）钻孔顶角偏斜不得大于 1°。钻孔深度不超过 10 m 时，采用目测判断；深度超过 10 m 时，采用专业仪器进行测量。

（2）下管前应校正孔深，按先后次序将井管逐根丈量、排列、编号、试扣，确保下管深度和滤水管安装位置准确无误。井管下放速度不宜太快，中途遇阻时可适当上下提动和转动井管，必要时应将井管提出，清除孔内障碍后再下管。下管完成后，将其扶正、固定，井管应与钻孔轴心重合。

(a) 钻孔　(b) 放置井管

(c) 充填石英砂　(d) 充填膨润土

(e) 成井前洗井　(f) 成井

图 10-5　Geoprobe 系统直压式建井作业流程

（3）用导砂管将滤料缓慢填充至管壁和孔壁之间的环形空隙中，沿井管四周均匀填充，避免从单一方位填入，一边填充一边晃动井管，防止滤料填充时形成架桥或卡锁现象。滤料填充过程进行测量，确保滤料填充至设计高度。

（4）使用膨润土球填充止水层，每填充 10 cm 应向钻孔中均匀注入少量的清洁水，在填充过程中进行测量，确保止水材料填充至设计高度，静置待膨润土充分膨胀、水化和凝结，然后回填水泥浆层。

（5）在产企业地下水监测井、关闭企业地下水样品明显异常的监测井应建成长期监测井。长期监测井应设置保护性的井台构筑。井台构筑通常分为明显式和隐藏式井台。隐藏式井台与地面齐平，适用于路面等特殊位置。明显式井台地上部分井管长度应保留 30～50 cm，井口用与井管同材质的管帽封堵，地上部分的井管应采用管套保护（管套应选择强度较大且不易损坏材质），管套与井管之间注混凝土浆固定，井台高度应不小于 30 cm。井台应设置标示牌，需注明采样井编号、负责人、联系方式等信息。

（6）在地下水监测井井内填料得到充分养护、稳定后进行成井洗井，一般在监测井建成至少 24 h 后开展。洗井时一般控制流速不超过 3.8 L/min，成井洗井达标直观判断水质基本上达到水清砂净（即基本透明无色、无沉砂），同时监测 pH、电导率、浊度、水温等参数数值达到稳定（连续三次监测数值浮动在±10%以内），或浊度小于 50 MTU。避免使用大流量抽水或高气压气提的洗井设备，以免损坏滤水管和滤料层。洗井过程要避免交叉污染，贝勒管洗井时应一井一管，气囊泵、潜水泵洗井前要清洗泵体和管线，清洗废水要收集处置。

（7）成井后测量记录点位坐标及管口高程，按要求填写成井记录单、地下水采样井洗井记录单，成井记录表参见附录 C；拍照记录钻孔、下管、滤料填充和止水材料、洗井作业和洗井合格出水、井台构筑（含井牌）等关键环节或信息，每个环节不少于 1 张照片。

（8）地下水长期监测井应定期进行必要维护，设施一经损坏，必须及时修复。定期测量监测井井深，当监测井内淤积物淤没滤水管或井内水深小于 1 m 时，应及时清淤或换井。定期对监测井进行透水灵敏度试验，向井内注入 1 m 井管容积的水量，水位复原时间超过 15 min 时，应进行洗井。低渗透地层监测井的水位复原时间应与初建井时的历史资料相比较。

（9）采样完成后，非长期监测的采样井应进行封井。封井应从井底至地面下 50 cm 全部用直径为 20～40 mm 的优质无污染的膨润土球封堵。膨润土球一般采用提拉式填充，先将直径小于井内径的硬质细管提前下入井中（根据现场情况尽量选择小直径细管），再向细管与井壁的环形空间填充一定量的膨润土球，然后缓慢向上提管，反复抽提防止井下搭桥，确保膨润土球全部落入井中，再进行下一批次膨润土球的填充。

全部膨润土球填充完成后应静置 24 h，测量膨润土的填充高度，判断是否达到预定封井高度，并于 7 天后再次检查封井情况，如发现塌陷应立即补填，直至符合规定要求。将井管高于地面部分进行切割，按照膨润土球填充的操作规程，从膨润土封层向上至地面注入混凝土浆进行封固。

对于废弃或经检查已不满足采样条件的长期监测井，在拆除井口保护装置后，按照上述流程执行封井作业。

10.4 槽　　探

电镀企业用地，如地块空旷、作业空间充足时，可参考设计钻孔位置，并在其周边配合使用槽探方式进一步探查污染情况。槽探一般用于采集表层及包气带下层土壤样品。如前期钻探发现地层破碎或岩土层不稳定、易坍塌时，应避免使用槽探方式。

槽探一般采用人工开挖或机械开挖，不得采用爆破等方式，避免雨天进行挖掘作业，施工过程保持槽壁平整。槽底应高于地下水位。

槽探深度小于 1 m 时，可垂直挖掘成矩形断面；槽探深度为 1～3 m 时，宜采用倒梯形断面；挖掘深度大于 3 m 时，若槽壁不够稳定，有坍塌风险，需增加支撑，确保安全。槽底宽度一般不小于 0.6 m，槽探两壁坡度，根据开挖深度及岩土性质确定。

槽探开挖过程中土石方堆放位置与槽口边缘距离应大于 1.0 m。雨期施工，应在槽口设置防雨棚和截水沟。雨后应严格检查探槽稳定情况，确认或处理无误后，方可进行作业。

槽探施工现场作业人员不得少于 2 人。槽内作业人员应保持适当安全距离。

槽探坡面开挖自上而下进行，不得在垂直方向上、下同时作业。

施工废渣需统一收集，并妥善处理，以防污染土壤引起二次污染。

10.5 样 品 采 集

10.5.1 土壤样品

土壤样品的采集方法与注意事项如下。

（1）表层土可采用手工或螺旋钻方式采集。手工采样是先使用铁锹、铲子、泥铲等工具去除杂物，然后掘至指定深度进行采样。螺旋钻采样是先钻孔达到指定深度后，获得一定高度的土柱，然后将土柱外围的土壤除去，以获取土芯作为土壤样品。在采集土壤样品时，严禁使用金属器具。

（2）使用 SH-30 型、XY-1 型等岩土工程勘察常用钻机钻孔采样时，柱状钻探岩芯取出后，剔除表层 1～2 cm 的土壤，快速采集新鲜土壤切面处不同深度的样品。

（3）使用 Geoprobe 或其他同类型国产设备，以双套管直压方式钻孔采样时，可采取以下两种方式：①剖开取样管，按照上述方式（1）采集不同深度样品。②直接截取取样管作为样品容器，不同深度样品取样管截取长度不小于 30 cm，截取后分段两侧立即使用特氟龙封口膜贴封，套上弹性塑料封帽，外部包裹铝箔纸并贴上标签（图 10-6）。

图 10-6　截取并密封后的土壤取样管

（4）探槽取样与开挖掘进同步进行，能同时采集槽底和槽壁土壤样品。

（5）当用采样瓶封装样品时，采样过程应剔除石块等杂质，保持采样瓶口螺纹清洁以防止密封不严。检测挥发性有机物的土壤样品，应单独收集，使用非扰动采样器直接推入顶空瓶，不允许对样品进行均质化处理，也不得混合采样；检测含重金属、半挥发性有机物、总石油烃等污染物的土壤样品，应使用竹片等非金属器具采集分装至广口瓶中并装满填实。

（6）在不同深度采样时应保留一定分量的样品，以便现场快速检测。可使用自封袋保留样品，并注明样品的深度范围。

（7）根据地块污染情况，建议使用 PID 对土壤 VOCs 进行快速检测，使用 XRF 对土壤重金属进行快速检测，并根据现场快筛结果辅助筛选送检土壤样品。快筛设备使用前需校准。

（8）现场快速检测土壤中 VOCs 时，用采样铲在 VOCs 取样相同位置采集土壤置于聚乙烯自封袋中，自封袋中土壤样品体积应占 1/2～2/3 自封袋体积，取样后，自封袋应置于背光处，避免阳光直射，取样后在 30 min 内完成快速检测。检测时，尽量将土样揉碎，放置 10 min 后摇晃或振荡自封袋约 30 s，静置 2 min 后将 PID 探头放入自封袋顶空 1/2 处，紧闭自封袋，记录最高读数。

（9）土壤平行样数量应不少于地块总样品数的 10%，每个地块至少采集 1 份。钻井设备及机具转换钻探点位时应使用无磷洗涤液和纯净水进行彻底清洗，建议每个地块至少采集 1 份设备淋洗样，以排除钻具交叉污染。

（10）样品采集完毕后，使用防水签字笔正确填写样品标签，标明样品编码、采样日期等基本信息，要求字迹清晰可辨，并贴在样品瓶或取样管上。样品瓶或取样管需用泡沫塑料袋包裹，随即放入现场带有冷冻蓝冰的样品箱内临时保存。

（11）土壤样品采集过程中应填写采样记录表格（参见附录 D），对采样工具、采集位置、采样瓶土壤装样过程/取样管截取封装、样品编号、现场检测仪器使用等关键信息进行拍照记录，每个关键信息至少保存 1 张照片。

（12）土壤样品采集标准作业流程参阅附录 E。

10.5.2　地下水样品

1. 采样前洗井

采样前必须进行洗井并填写洗井记录表格（参阅附录 F），洗井要求如下。

（1）采样前至少应在成井后 48 h 开始洗井。洗井前应完成水位和实际井深的测量，pH 计、溶解氧仪、电导率和氧化还原电位仪等检测仪器的校正，以及计算井水体积等准备工作，并进行详细记录。

（2）采样前洗井应避免对井内水体产生气提、气曝等扰动。选用气囊泵或低流量潜水泵洗井，泵体进水口应置于水面下 1.0 m 左右，抽水速率应低于 0.3 L/min，洗井过程水位下降应小于 10 cm。若洗井过程中水位下降超过 10 cm，则需适当调低气囊泵或低流量潜水泵的洗井流速。

（3）若采用贝勒管洗井，贝勒管在井底汲水时，应控制贝勒管缓慢下降和上升（图 10-7），原则上洗井水体积应达到滞水体积的 3～5 倍。

图 10-7　贝勒管采样前洗井

（4）在洗井开始时，以小流量进行抽水，记录抽水开始时间，同时洗井过程中每隔 5 min 读取并记录 pH、温度、电导率、溶解氧（DO）、氧化还原电位（ORP）及浊度（图 10-8），连续三次采样达到以下要求结束洗井：①pH 变化范围为±0.1。②温度变化范围为±0.5℃。③电导率变化范围为±3%。④DO 变化范围为±10%，当 DO＜2.0 mg/L 时，其变化范围为±0.2 mg/L。⑤ORP 变化范围为±10 mV。⑥10 MTU＜浊度＜50 MTU 时，其变化范围应在±10%以内；浊度≤10 MTU 时，其变化范围为±1.0 MTU；若含水层处于粉土或黏土地层时，连续多次洗井后的浊度≥50 MTU 时，则要求连续三次测量浊度变化值小于 5 MTU。

图 10-8　地下水参数现场快速测试

（5）若现场测试参数达不到（4）中的要求，或不具备现场测试仪器时，洗井水体积达到 3～5 倍采样井内水体积后即可进行采样。

（6）低渗透性含水层洗井时如出现小流量抽水、水位下降明显情况，应以较大速率将井内积水全部抽出，待水位回升后再采集新鲜水样。如抽干后回水等待时间过长，应追溯钻探建井记录，排除建井参数错误的可能。高渗透性含水层如出现上述情况，可能存在井筛堵塞等问题，再次进行成井洗井后重新尝试采样。

（7）若洗井过程中发现水面有浮油类物质等异常情况，应在现场记录单注明，以利于制订针对性采样方案。

（8）采样前洗井过程中产生的废水，统一使用固定容器进行收集处置（图 10-9），不得就地泼洒或随意倾倒。

2. 地下水采样

地下水采样需注意以下内容。

（1）当采样洗井达到要求后，测量并记录水位，若地下水位变化小于 10 cm，则可以立即采样；若地下水位变化超过 10 cm，应待地下水位再次稳定后采样，若地下水回补速度较慢，原则上应在洗井后 2 h 内完成地下水采样。通常采取瞬时水样进行地下水水质监测。

图 10-9　洗井废水集中收集

（2）样品采集一般按照挥发性有机物、半挥发性有机物、微生物样品、重金属和普通无机物的顺序进行采集，样品采集时应控制出水口流速低于 1 L/min。采集 VOCs 样品时，优先采用气囊泵或低流量潜水泵，出水口流速宜低于 0.3 L/min。采集 SVOCs 样品时，出水口流速宜低于 0.2 L/min。

（3）测定 VOCs 水样，需在采样时将水样注满容器，上部不留空隙，避免采样瓶中存在顶空或气泡。使用低流量潜水泵采集样品时（图 10-10），应将采样管出水口靠近样品瓶中下部，使水样沿瓶壁缓缓流入瓶中，过程中避免出水口接触液面，直至在瓶口形成一向上弯月面，旋紧瓶盖，避免采样瓶中存在顶空和气泡。使用贝勒管进行地下水样品采集时，应缓慢沉降或提升贝勒管。取出后，通过调节贝勒管下端出水阀或低流量控制器，使水样沿瓶壁缓缓流入瓶中，直至在瓶口形成一向上的弯月面，旋紧瓶盖，避免采样瓶中存在顶空和气泡。

（4）如采样使用洗井水泵，则在洗井完成后，汲水位置不变，维持原有洗井流速，直接用样品瓶接取水样。

（5）当地下水样品中有明显悬浮固体时，应根据待检测指标分析方法规定判断是否进行现场过滤。一般情况下，测定溶解性金属离子项目，样品装瓶前可通过 0.45 μm PE 滤膜过滤；测定总金属离子项目，样品装瓶前无须过滤，可静置后取上清液。

图 10-10　低流量采集地下水样品

（6）采样前，除石油类、细菌类监测项目外，应使用待采集水样润洗未添加保护剂的样品瓶 2～3 次。

（7）各检测分析项目所需水样采集量见附录 F，附录中采样量已考虑重复分析和质量控制需要。水样采集或装入容器后，立即按附录要求添加相应的保存剂。

（8）地下水平行样数量应不少于地块总样品数的 10%，每个地块至少采集 1 份。

（9）水样采集后，应立即密封采样容器，并贴好标签。样品标签应使用防水签字笔正确填写，标明样品编码、采样日期等基本信息，要求字迹清晰可辨。样品瓶应用泡沫塑料袋包裹，并立即放入现场装有冷冻蓝冰的样品箱内保存。

（10）使用非一次性的地下水采样设备，在采样前后须对采样设备进行清洗，清洗过程中产生的废水，应集中收集处置。采用柴油发电机为地下水采集设备提供动力时，应将柴油机放置于采样井下风向较远的位置。

（11）洗井及设备清洗废水应使用固定容器统一收集处置。

（12）采集地下水样品过程中，应填写地下水采样记录表格（参见附录 G），对洗井、装样及采样过程中现场快速检测等各个环节进行拍照记录，每个环节至少保存 1 张照片，以备后期查验。

（13）地下水监测井设置与采样分析标准作业流程可参阅附录 H。

10.6 样品保存与流转

10.6.1 样品保存

土壤样品保存方法参照《土壤环境监测技术规范》（HJ/T 166—2004）、《工业企业场地环境调查评估与修复工作指南（试行）》、《全国土壤污染状况详查 土壤样品分析测试方法技术规定》等技术文件规定执行，地下水样品保存方法参照《地下水环境监测技术规范》（HJ 164—2020）、《水质 样品的保存和管理技术规定》（HJ 493—2009）、《全国土壤污染状况详查 地下水样品分析测试方法技术规定》等技术文件的规定执行。

样品保存包括现场暂存和流转保存两个主要环节，应遵循以下原则。

（1）根据不同检测项目要求，在采样前向样品瓶中添加一定量的保护剂，在样品瓶标签上标注样品采集时间、样品有效时间等信息。

（2）样品现场暂存。采样现场需配备样品保温箱，内置冰冻蓝冰。样品采集后应立即存放至保温箱内，样品采集当天不能寄送至实验室时，样品需用冷藏柜在 4℃温度下避光保存。

（3）样品流转保存。样品应保存在有冰冻蓝冰的保温箱内寄送或运送到实验室，样品的有效保存时间为从样品采集完成到分析测试结束。

10.6.2 样品流转

1. 装运前核对

委派专职人员负责样品装运前的核对工作，要求对样品登记表、样品标签、取样记录单进行逐一核对，检查无误后分类装箱，并填写“样品保存检查记录表”（见附录 I）。如果核对结果发现异常，应及时查明原因，由检查人员向现场负责人进行报告并记录。

样品装运前，填写“样品运送表”（见附录 J），包括样品编号、采样日期时间、介质、质控要求、测试方法和样品寄送人等信息，样品运送表用防水袋保护，随样品箱一同送达样品检测单位。在样品装箱过程中，要用泡沫材料填充样品瓶和样品箱之间的空隙。样品箱用密封胶带打包。

2. 样品运输

在流转运输过程中应保证样品完好并低温保存，采取适当的减震隔离措施，严防样品瓶的破损、混淆或沾污，在保存时限内运送至样品检测单位。对光照敏感样品应有避光外包装，如装有挥发性有机物测试样品的容器可使用锡箔纸包裹。

在样品运输过程中，应设置运输空白样进行运输过程的质量控制，一个样品运送批次设置一个运输空白样品。

3. 样品接收

样品检测单位收到样品箱后，应立即检查样品箱是否有破损，按照样品运输单清点核实样品数量、样品瓶编号以及破损情况。若出现样品瓶缺少、破损或样品瓶标签无法辨识等重大问题，样品检测单位的实验室负责人应在“样品运送表”的“特别说明”栏中进行标注，并及时与现场采样负责人沟通。沟通情况及结果应进行详细记录。

上述工作完成后，样品检测单位的实验室负责人在纸版样品运送表上签字确认并拍照发给采样单位。样品运送表应作为附件并入样品检测报告。

样品检测单位收到样品后，按照样品运送表要求，立即安排样品保存和检测。

第 11 章　实验室检测分析

现场采集的地下水和土壤样品需妥善保存，然后将其运输到检测单位实验室进行检测，其中很重要的环节是关于样品检测方案的选择，包括检测机构的选择、样品检测项目的确定、检测方法选择、检测时限要求，同时也要做好质量控制与质量保证。

11.1　检测机构的选择

样品分析测试应委托给有资质的专业机构和检测实验室来进行。专业机构或实验室应通过省市级以上质量监督管理局认证或中国合格评定国家认可委员会（China National Accreditation Service for Conformity Assessment，CNAS）认可。

11.2　样品分析测试

11.2.1　分析方法的选择

检测机构对样品开展分析测试时，对于分析方法的选择，可优先考虑其资质认定范围内的检测分析方法。优先选用《土壤环境质量 建设用地土壤污染风险管控标准（试行）》（GB 36600—2018）、《土壤环境监测技术规范》（HJ/T 166—2004）、《地下水质量标准》（GB/T 14848—2017）等标准指定的检测方法，可参考的标准方法采用的顺序如下：国家标准、国内其他行业或地方标准、国际标准、其他国家现行有效的标准或规范，但应说明其来源并分析其适用性。同时，检测机构出具的检测报告应加盖实验室资质认定标识。当暂无标准检测方法时，可选用行业统一分析方法或等效分析方法，但须根据《环境监测分析方法标准制订技术导则》（HJ 168—2020）相关要求进行方法确认和验证。

同时，分析方法的选择应确保目标污染物的检出限满足对应的建设用地土壤污染风险筛选值和地下水评价标准的要求。

电镀企业用地调查主要检测项目的分析方法见附录 K 和附录 L。

11.2.2　分析方法的确认

检测机构最好在样品所属地块调查工作完成前保留送检样品，在必要时可保留样品提取液（有机项目）。

检测机构在进行样品分析测试前，可参照《环境监测分析方法标准制订技术导则》（HJ 168—2020）的有关要求，完成对所选用分析测试方法的检出限、测定下限、精密度、准确度、线性范围等各项特性指标的确认，并形成相关质量记录。必要时，可编制实验室分析测试方法作业指导书。

11.3 质量控制

11.3.1 内部质量控制

样品分析过程中，需按各检测方法的规定做好运输空白、实验室空白、现场平行样、实验室平行样、质控样、加标回收等质控措施，并形成质控统计表输入报告内容中。具体要求如下。

1. 空白试验

样品分析时应进行空白试验，目的是排除实验的环境（空气、湿度等）、实验所用的药品（指示剂等）、实验操作（误差、滴定终点判断等）等对实验结果的影响。分析测试方法有规定的，按分析测试方法的规定进行；分析测试方法无规定时，建议每 20 个样品至少做 1 次空白试验。每批次样品分析不少于 1 次空白试验。空白试验记录表见附录 M 中的附表 M-1。

空白样品分析测试结果一般应低于方法检出限。若空白样品分析测试结果低于方法检出限，可忽略不计；若空白样品分析测试结果略高于方法检出限但比较稳定，可进行多次重复试验，计算空白样品分析测试结果的平均值并将其从样品分析测试结果中扣除；若空白样品分析测试结果明显超过正常值，建议从实验室本身查找原因，采取适当的纠正和预防措施，并重新对样品进行分析测试。

2. 定量校准

1）标准物质

当对分析仪器进行校准时，建议首先选用有证标准物质。当没有有证标准物质时，也可选用纯度较高（一般不低于 98%）、性质稳定的化学试剂直接配制仪器校准用标准溶液。

2）标准曲线

采用校准曲线法进行定量分析时，一般至少使用 5 个浓度梯度的标准溶液（除空白外），覆盖被测样品的浓度范围，且最低点浓度应尽可能接近方法测定下限的水平。分析测试方法有规定时，按分析测试方法的规定进行；分析测试方法无规定时，校准曲线相关系数要求为 $r>0.999$。

3）仪器稳定性检查

连续进样分析时，每分析测试 20 个样品后，建议测定一次校准曲线中间浓度点，确认分析仪器校准曲线是否发生显著变化。分析测试方法有规定的，按分析测试方法的规定进行；分析测试方法无规定时，无机检测项目分析测试相对偏差应控制在 10%以内，有机检测项目分析测试相对偏差应控制在 20%以内，超过此范围时需要查明原因，重新绘制校准曲线，并重新分析测试该批次全部样品。

4）精密度控制

每批次样品分析时，每个检测项目（除挥发性有机物外）建议做平行双样分析。在每批次分析样品中，随机抽取 5%的样品进行平行双样分析；当批次样品数＜20 时，至少随机抽取 1 个样品进行平行双样分析。

平行双样分析一般由本实验室质量管理人员将平行双样以密码编入分析样品后交由检测人员进行分析测试。

平行双样测定值（A，B）的相对偏差（RD）计算公式如下：

$$\text{RD}=\frac{|A-B|}{A+B}\times 100\%$$

RD 记录表见附录 M 中的附表 M-2。平行双样测定结果的相对偏差应优先满足检测分析方法的相关要求，检测分析方法对平行双样精密度无明确要求的，土壤和地下水样品中的主要检测项目分析测试精密度与准确度允许范围分别见表 11-1 和表 11-2，土壤和地下水样品中其他检测项目分析测试精密度与准确度允许范围见表 11-3 和表 11-4。平行双样分析测试合格率按每批同类型样品中单个检测项目进行统计。平行双样测定值的相对误差（relative error，RE）满足检测分析方法要求或在精密度允许范围内，则该平行双样的精密度控制为合格，否则为不合格。

平行双样分析测试合格率要求应达到 95%。当合格率小于 95%时，应查明产生不合格结果的原因，采取适当的纠正和预防措施。除对不合格结果重新分析测试外，应再增加 5%～15%的平行双样分析比例，直至总合格率达到 95%。

表 11-1　土壤样品中主要检测项目分析测试精密度与准确度允许范围

检测项目	含量范围/(mg/kg)	精密度/%		准确度/%	
		室内相对偏差	室间相对偏差	加标回收率	RE
总镉	＜0.1	35	40	75～110	±40
	0.1～0.4	30	35	85～110	±35
	＞0.4	25	30	90～105	±30
总汞	＜0.1	35	40	75～110	±40
	0.1～0.4	30	35	85～110	±35
	＞0.4	25	30	90～105	±30

续表

检测项目	含量范围/(mg/kg)	精密度/%		准确度/%	
		室内相对偏差	室间相对偏差	加标回收率	RE
总砷	<10	20	30	85～105	±30
	10～20	15	20	90～105	±20
	>20	10	15	90～105	±15
总铜	<20	20	25	85～105	±25
	20～30	15	20	90～105	±20
	>30	10	15	90～105	±15
总铅	<20	25	30	80～110	±30
	20～40	20	25	85～110	±25
	>40	15	20	90～105	±20
总铬	<50	20	25	80～110	±25
	50～90	15	20	85～110	±20
	>90	10	15	90～105	±15
总锌	<50	20	25	85～110	±25
	50～90	15	20	85～110	±20
	>90	10	15	90～105	±15
总镍	<20	20	25	85～110	±25
	20～40	15	20	85～110	±20
	>40	10	15	90～105	±15

表 11-2　地下水样品中主要检测项目分析测试精密度与准确度允许范围

检测项目	含量范围/(mg/kg)	精密度/%		准确度/%	
		室内相对偏差	室间相对偏差	加标回收率	RE
总镉	<0.005	15	20	85～115	±15
	0.005～0.1	10	15	90～110	±50
	>0.1	8	10	95～115	±10
总汞	<0.001	30	40	85～115	±10
	0.001～0.005	20	25	90～110	±15
	>0.005	15	20	90～110	±15
总砷	<0.05	15	25	85～115	±20
	≥0.05	10	15	90～110	±15
总铜	<0.1	15	20	85～115	±15
	0.1～1.0	10	15	90～110	±50
	>1.0	8	10	95～105	±10
总铅	<0.05	15	20	85～115	±15
	0.05～1.0	10	15	90～110	±50
	>1.0	8	10	95～105	±10
六价铬	<0.01	15	20	85～120	±15
	0.01～1.0	10	15	90～110	±50
	>1.0	5	10	90～105	±10
总锌	<0.05	20	30	85～120	±15
	0.05～1.0	15	20	90～110	±50
	>1.0	10	15	95～105	±10

续表

检测项目	含量范围/(mg/kg)	精密度/%		准确度/%	
		室内相对偏差	室间相对偏差	加标回收率	RE
氟化物	＜1.0 ≥1.0	10 8	15 10	90～110 95～105	±05 ±10
总氰化物	＜0.05 0.05～0.5 ＞0.5	20 15 10	25 20 15	85～115 90～110 90～110	±10 ±15 ±15

表 11-3　土壤样品中其他检测项目分析测试精密度与准确度允许范围

检测项目	含量范围	精密度相对偏差/%	准确度加标回收率/%	适用的分析方法
无机元素	≤10MDL ＞10MDL	30 20	80～120 90～110	AAS、ICP-AES、ICP-MS
挥发性有机物	≤10MDL ＞10MDL	50 25	70～130	GC、GC-MSD
半挥发性有机物	≤10MDL ＞10MDL	50 30	60～140	GC、GC-MSD
难挥发性有机物	≤10MDL ＞10MDL	50 30	60～140	GC-MSD

注：MDL 表示方法检出限；AAS 表示原子吸收光谱法；ICP-AES 表示电感耦合等离子体发射光谱法；ICP-MS 表示电感耦合等离子体质谱法；GC 表示气相色谱法；GC-MSD 表示气相色谱质谱法，下同。

表 11-4　地下水样品中其他检测项目分析测试精密度与准确度允许范围

检测项目	含量范围	精密度相对偏差/%	准确度加标回收率/%	适用的分析方法
无机元素	≤10MDL ＞10MDL	30 20	70～130	AAS、ICP-AES、ICP-MS
挥发性有机物	≤10MDL ＞10MDL	50 30	70～130	HS/PT-GC、HS/PT-GC-MSD
半挥发性有机物	≤10MDL ＞10MDL	50 25	60～130	GC、GC-MSD
难挥发性有机物	≤10MDL ＞10MDL	50 25	60～130	GC-MSD

注：HS/PT-GC 表示顶空/吹扫捕集-气相色谱法；HS/PT-GC-MSD 表示顶空/吹扫捕集-气相色谱质谱法。

5）准确度控制

（1）使用有证标准物质：对土壤或地下水样品进行分析时，若具备与样品制件相同或类似的有证标准物质时，建议同步均匀插入与被测样品含量水平相当的有证标准物质样品进行分析测试。在对每批次同类型样品分析时，建议按样品数 5%的比例插入标准物质样品；当每批次分析样品数＜20 个时，至少插入 1 个标准物质样品。

土壤和地下水标准物质样品的分析结果与标准物质认定值的 RE 允许范围见表 11-1 和表 11-2。若 RE 在允许范围内，则对该标准物质样品分析测试的准确度控制为合格，否则为不合格。土壤和地下水标准物质样品中其他检测项目 RE 允许范围可参考标准物质证书给定的扩展不确定度来进行确定。对有证标准物质样品分析测试合格率要求应达到 100%。当出现不合格结果时，建议查明其原因，采取适当的纠正和预防措施，并对该标准物质样品及送检样品重新进行分析测试。

（2）加标回收率试验：当没有合适的土壤或地下水制件有证标准物质时，可采用制件加标回收率试验对准确度进行控制。每批次同类型分析样品中，随机抽取 5%的样品进行加标回收率试验；当每批次分析样品数＜20 个时，至少随机抽取 1 个样品进行加标回收率试验。此外，在进行有机污染物样品分析时，可进行替代物加标回收率试验。

制件加标和替代物加标回收率试验应在样品前处理之前加标，加标样品与试样应在相同的前处理和分析条件下进行分析测试。加标量可依据被测组分的含量而定，含量高的可加入被测组分含量的 0.5～1.0 倍，含量低的可加 2～3 倍，但加标后被测组分的总量不得超出分析测试方法的测定上限。

若制件加标回收率在规定的允许范围内，则该加标回收率试验样品的准确度控制为合格，否则为不合格。土壤和地下水样品中主要检测项目制件加标回收率的允许范围见表 11-1 和表 11-2，土壤和地下水样品中其他检测项目制件加标回收率允许范围见表 11-3 和表 11-4。

制件加标回收率试验结果应达到 100%，同时满足允许范围要求。当出现不合格结果时，应查明其原因，采取适当的纠正和预防措施，并对送检样品重新进行分析测试。

11.3.2　外部质量控制

当监测数据出现明显不合理情形时，应采用留样复检或重新采样检测等外部质量控制措施，利用平行样品在实验室内和实验室间进行分析测试比对。实验室内和实验室间分析测试比对结果可根据平行双样的相对偏差进行质量评价，若结果在允许范围（表 11-1～表 11-4）内则视为可接受结果，否则为不合格结果。实验室对土壤样品和地下水样品单个项目留样复检合格率均应达到 95%。

11.4 分析测试报告与审核

11.4.1 分析测试数据报告

检测机构应准确、清晰、明确、客观地出具检测分析结果，符合检测分析方法的规定，并确保检测分析结果的有效性。结果通常以检测分析报告的形式给出。检测分析应明确检测分析结果和质量控制结果，同时也应包含以下信息。

（1）标注资质认定标志，加盖检验检测专用章（适用时）。

（2）所用检测分析方法的识别。

（3）检测分析样品的描述、状态和标识。

（4）样品接收和检测分析日期。若时间长短对检测分析结果的有效性和应用有较大影响时，建议注明样品的采集日期。

（5）检测分析报告签发人的姓名、签字或等效标识和签发日期。

（6）检测分析结果来自于外部提供者时的清晰标注。

11.4.2 报告的审核与保存

检测实验室应保证分析测试数据的完整性，确保全面、客观地反映分析测试结果，不得选择性地舍弃数据、人为干预分析测试结果。

检测人员应对原始数据和报告数据进行校核。对于发现的可疑报告数据，应将其与样品分析测试原始记录进行校对。分析测试原始记录应有检测人员和审核人员的签名。检测人员负责填写原始记录。审核人员检查数据记录是否完整、抄写或录入计算机时是否有误、数据是否异常等，并考虑以下因素：分析方法、分析条件、数据的有效位数、数据计算和处理过程、法定计量单位和内部质量控制数据等。报告审核人员应对数据的准确性、逻辑性、可比性和合理性进行审核。

参与土壤污染状况调查评估的实验室，应当将所有样品检测的原始记录（包括电子数据）、报告归档留存，保证其具有可追溯性。检测分析原始记录、报告的保存期限原则上至少 20 年。

第 12 章　健康、安全、环境保护管理

电镀企业污染地块多以重金属和酸碱性污染为主，重金属污染主要包括铬（六价铬）、镉、铅、铜、镍等污染物，这些污染物可通过消化道、呼吸道、皮肤及黏膜等多种途径侵入人体，对人体健康产生不同程度的危害。为保护在此类污染地块进行土壤污染状况调查人员的健康和安全，应根据有关法律法规、调查地块现场实际情况和作业安全要求，制订现场作业人员的健康和安全防护计划以及环境应急安全预案。同时，相关工作人员需严格执行以下健康、安全和环境保护管理规定。

12.1　健 康 管 理

现场工作人员进场前应参与由采样调查单位、土地使用权人和钻探单位组织的安全培训，学习设备的安全使用操作、现场安全防护措施及应急预案等；同时应了解电镀行业工艺流程和常用的化学品，熟悉强酸、强碱、重金属溶液及其他有毒有害物质的危害性，以及相关的预防措施，提高安全意识和自救水平。手部、脸部、脖颈部等身体表面有皮肤破损的人员不得进入现场。进场前应进行人员基本信息登记，配备急救箱包。

现场工作人员进场时建议穿着长袖长裤的工作装，佩戴安全帽、护目镜、耳塞、防尘口罩、防酸碱手套，穿防砸安全鞋等，以达到一般的安全防护要求，当不慎接触到环境污染物时，也能具有一定的防护措施。若需进入剧毒品仓库或可能发生污染物泄漏的地块进行采样时，应使用防毒面具并穿戴防护服。现场工作人员在离开调查地块前不得脱卸防护装备，不得在地块内饮食、吸烟，以避免直接接触地块内的污染土壤或污染水源。采样工作结束离开现场后，工作人员需将防护装备脱卸并妥善保存，不宜将其带回生活区。

现场采样时，需设置安全专员，统筹管理现场工作人员健康安全事项。同一采样点应有两人以上进行采样，相互监护，以防止中毒昏迷或掉入坑洞等意外事故发生。现场需配备应急水冲淋装置，若发生误触污染物等事故，应立刻用大量清水冲洗。夏季高温采样时应有防暑降温措施，提供防暑清凉药品。若现场工作人员出现身体明显不适，应及时停止采样工作并将其送往医院检查治疗，同时向管理部门报告。

12.2　安 全 管 理

制订现场采样计划时，建议根据场地构筑物和储罐的分布，划定有毒有害物质存储危险区域，对划定的危险区域以及深井、水池等进行标识，并制订安全应急路线。同时，应对地面管线、地下管线、罐槽、集水井及检查井等情况进行排查，明确各类地下管线和构筑物的分布及使用情况，防止采样过程中对地下构筑物及地下电源、水、煤气管道等造成破坏；若地下情况不明，可选用手工钻探或物探设备等探明地下情况。采样器械进场前，在产企业应断开电源，停止生产，盖好镀槽；现场工作人员应对生产车间、剧毒品库房、电气设备和灭火器材等进行安全检查，符合要求后方可进场。对在产企业土壤、地下水进行采样时，全程应有本企业安全管理人员陪同，以对现场采样人员存在安全隐患和不规范的行为进行及时制止。

现场采样钻机应由熟练人员操作，挂牌施工，定机定人，严格执行现场设备操作规范，防止因设备使用不当造成的各类工伤事故；操作人员勿穿宽松工作服，避免直接与液压油、防冻液及机油等腐蚀性液体接触，高压油可能造成严重的身体伤害。在钻机操作台、传动及转盘等危险部位应设有安全防护装置，开钻前需检查齿轮箱和其他机械传动部分是否灵敏、安全、可靠，启动时需看清机械周围环境，要先招呼后启动。钻机的运移和机械传动部位应与储罐和镀槽保持一定安全距离，工作中应勤检查设备整机状况，油路关系、零部件、螺丝是否完好或松动，若有问题及时处理并作台账记录。夜间施工应有足够的照明设备，钻机操作台、传动及转盘等危险部位，主要通道不能留有黑影。

在喷漆涂装等易燃易爆区域工作时，采样设备应采取防静电措施，同时应配备灭火器，严禁明火。在电镀车间等室内工作时，应敞开门窗保持通风状态，防止有毒气体对人员造成危害；需要用电时，不得架设裸导线，严禁乱拉乱接，所有的临时和移动电器应设置有效的漏电保护开关。采样过后现场遗留的沟、坑等处应有防护装置或明显标志，在调查结束后应及时封填。

当现场调查过程中发生火灾或有毒有害物质泄漏等突发情况时，现场工作人员应立即从应急路线撤离现场，同时通知场地业主并向当地管理部门报告。

12.3　环境保护管理

现场工作过程中所用耗材应堆放整齐，零散材料不得混乱堆放；水泥和其他易飞扬的细颗粒材料应密闭存放或采取覆盖等措施。混凝土地面破碎产生的砼块和点位钻探后剩余的废弃土壤应集中处理，不得随意丢弃；槽探挖出的土壤应临时堆放于铺有防渗薄膜区域，并用土工布覆盖保护，在调查结束后及时清运并妥善处理，外运时需严密覆盖，确保沿途不洒落。采样完成后，遗留的钻孔应及时使用水泥膨润土或混凝土砂浆灌注封填。

监测井洗井和钻具清洗产生的废水应集中收集处理，不得随意排放。当地下水监测井需要拆除时，应先拆除井台，后用水泥膨润土或混凝土砂浆进行灌注封填，灌浆期间应避免阻塞或架桥现象出现；完成灌浆后，应于 1 周内再次检查封填情况，如发现塌陷应立即补填，直至符合要求为止。

现场采样工作过程中产生的手套、采样管等废弃物应集中收集处理，不得随意丢弃。

第13章　结果分析与地块概念模型建立

调查工作结束后，应根据现场采样分析结果，结合前期资料收集、现场踏勘、人员访谈和污染判别等信息，分析建立污染地块概念模型，为后续风险评估和修复工作提供参考。

13.1　结 果 分 析

13.1.1　土壤监测结果分析

1. 监测数据统计分析

分析采样获取的地块信息，主要包括土壤类型、水文地质条件、现场和实验室检测数据等；确定检出污染物种类、检出率、最小检出浓度、最大检出浓度以及检出浓度算数平均值；明确各采样点检出污染物浓度的垂向变化情况以及不同深度剖面检出污染物浓度的平面变化情况。

2. 土壤污染物累积性评价

1）评价依据

土壤样品采集时，应在企业周边受生产活动影响较小的区域（一般是污染物迁移的上游方向）采集土壤类型相同的样品，或在企业内同母质且无污染的下层土壤中采集样品，进行污染物含量的检测分析，测试结果可作为该地块土壤污染物本底参考值。

一般情况下，应获取至少5个点的土壤污染物含量数据，取其均值与两倍标准差之和作为评价依据。

2）评价方法

污染物的累积性评价采用单因子累积指数法，计算公式为

$$A_i = \frac{C_i}{B_i}$$

式中，A_i为土壤中污染物i的单因子累积指数；C_i为土壤中污染物i的含量，单位与B_i保持一致；B_i为土壤中污染物i的本底值。

3）评价结果

根据 A_i 值，将相应土壤点位中污染物累积程度分为无明显累积和有明显累积。评价标准及结果如表 13-1 所示。

表 13-1　土壤污染物累积评价标准及结果

累积等级	A_i 值	累积程度
I	$A_i \leqslant 1.5$	无明显累积
II	$A_i > 1.5$	有明显累积

3. 土壤污染物超标评价

土壤污染物的超标评价，以国家或地方发布的土壤污染风险管控标准为依据。国家或地方标准未规定的项目，可根据《建设用地土壤污染风险评估技术导则》（HJ 25.3—2019）确定筛选值，作为评价标准。国家或地方标准未规定且无法根据 HJ 25.3—2019 确定筛选值的项目，可选用该污染物的本底参考值作为评价标准进行评价。

13.1.2　地下水监测结果分析

1. 监测数据统计分析

分析采样获取的地下水质量信息，确定检出污染物种类、检出率、最小检出浓度、最大检出浓度以及检出浓度算数平均值，明确不同含水层位污染物检出浓度的空间变化情况。

2. 地下水环境质量评价

地下水环境质量评价应以地下水质量检测资料为基础，评价方法采用《地下水质量标准》（GB/T 14848—2017）中的单指标评价和综合评价方法。

地下水质量单指标评价，按照指标值所在限值范围确定地下水质量类别，指标限值相同时，从优不从劣。

地下水质量综合评价，按照单指标评价结果最差的类别确定，并指出最差类别的指标。

3. 地下水污染评价

1）评价依据

地下水污染评价过程中，在除去背景值的前提下，以《地下水质量标准》（GB/T

14848—2017）为对照，反映地下水的污染程度。一般情况下选择 IV 类标准进行评价。若能确定调查地块的地下水用途，可使用对应分类标准评价。

2）评价方法

地下水污染评价采用污染指数法，计算公式为

$$P_i = \frac{C_i - C_0}{C}$$

式中，P_i为地下水中污染物 i 的单项污染指数；C_i为地下水中污染物 i 的含量；C_0为无机组分 i 的对照值，有机组分等原生地下水中含量微弱的组分背景值按 0 计算，无机组分的对照值优先考虑其监测背景值；C 为根据地下水用途选定的评价标准。

3）评价结果

根据 P_i值，将地下水中污染物的污染程度分为六个等级。评价标准及结果如表 13-2 所示。

表 13-2　地下水污染物污染评价标准及结果

污染等级	P_i值	污染程度
Ⅰ	$P_i≤0$	未污染
Ⅱ	$0<P_i≤0.2$	轻度污染
Ⅲ	$0.2<P_i≤0.6$	中度污染
Ⅳ	$0.6<P_i≤1.0$	较重污染
Ⅴ	$1.0<P_i≤1.5$	严重污染
Ⅵ	$P_i>1.5$	极重污染

13.1.3　数据分析与评价结果展示

数据分析与评价结果的展示是为了将结果分析过程可视化，更好地指导地块概念模型的建立和后续风险评估或修复工作的开展。其展现形式多种多样，一般可采用文字叙述、列表、图像（柱状图、箱形图、垂向变化图、二维等值线图、三维空间分布图等）等方式，具体可按照不同结果类型、不同效果、不同用途等需求来进行选择。

1. 数据分析结果展示

土壤、地下水中污染物检出情况一般以文字叙述方式进行描述，检出污染物

的数据统计分析可采用列表和图示两种方式进行表达。数据统计分析结果的列表形式可参考表 13-3；图示可采用频率直方图、箱形图等，示例见图 13-1。

表 13-3　检出污染物数据统计分析结果

序号	检出污染物	单位	检出限	样品数/个	检出率	最小检出浓度	最大检出浓度	检出浓度算数平均值
1								
2								
3								
…								

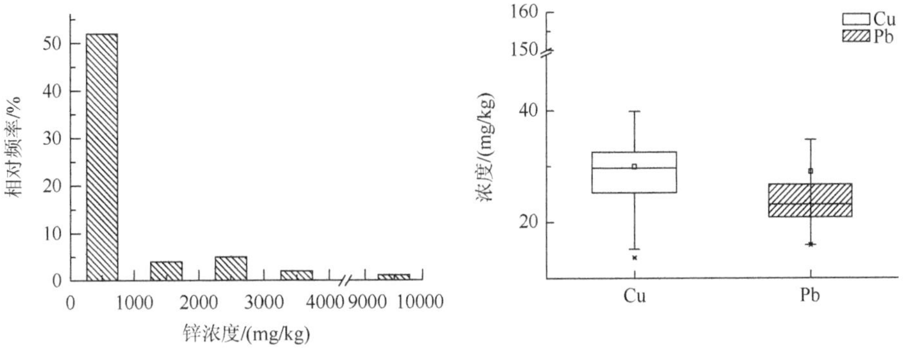

(a) 检出浓度分布区间　　(b) 监测数据箱形图

图 13-1　数据统计分析图示例

电镀生产过程中重金属和强酸强碱涉及较多，因而该行业污染物类型以重金属和酸碱性污染为主，它们在环境中的迁移各有不同且相互影响。当污染土壤的土壤类型为黏质土壤，或者污染土壤中呈现强碱性条件时，重金属较易吸附于土壤颗粒中或形成不溶性盐在土壤中沉淀并累积，造成局部性污染。此类型污染的重金属主要集中在土壤浅层或泄漏源附近，不易向周边扩散或向下渗透，因此其浓度自上而下有较为明显的减小趋势。使用图示形式可更为清晰地展示土壤污染的空间分布情况，通常包括污染物浓度垂向变化图、不同深度剖面污染物浓度等值线图以及污染物三维空间分布图等，相关示例见图 13-2～图 13-4。

当污染土壤的土壤类型为砂质土壤，或者污染土壤呈现强酸性条件时，重金属较易呈现游离状态并随地下水流动而持续向外围扩散，形成污染羽。污染羽的刻画一般采用二维等值线图方式。如需精细刻画不同赋存层位地下水污染空间分布，则需绘制三维图像，可设置不同深度监测井采集样品或使用微扰动洗井采样方式，在不同深度井筛附近采样，分析获取建模数据。相关示例见图 13-3 和图 13-4。

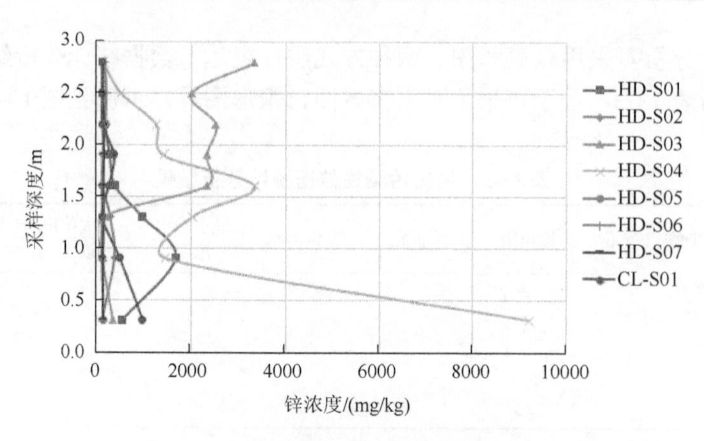

图 13-2　各采样点污染物（锌）检出浓度垂向变化图示例

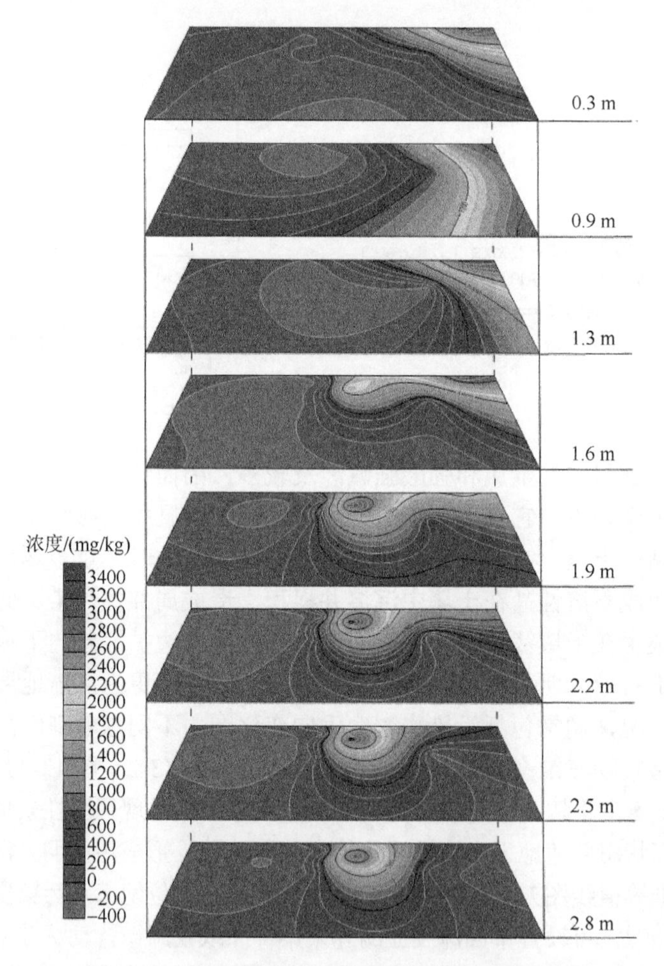

图 13-3　不同深度剖面污染物浓度等值线图示例

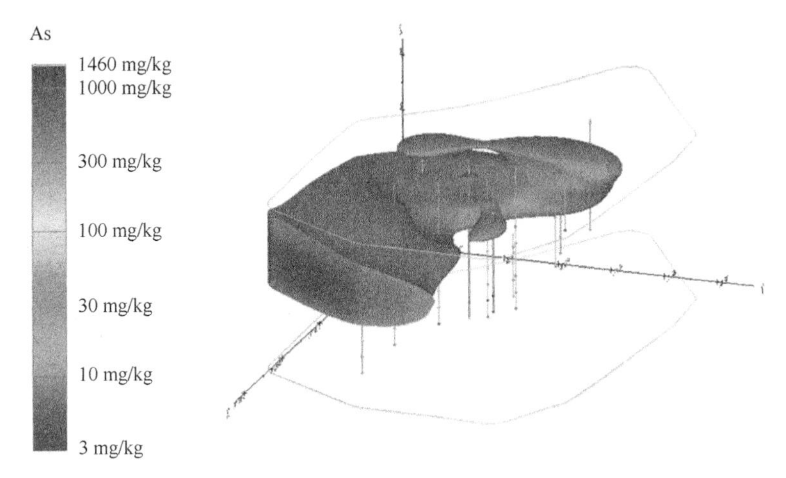

图 13-4　污染物三维空间分布图示例

2. 污染评价结果展示

土壤、地下水污染评价结果可采用列表和图示两种方式展示。列表参考格式见表 13-4～表 13-7，分别表达土壤污染物累积性评价、超标评价、地下水质量评价、地下水污染物超标评价结果。

表 13-4　土壤污染物累积性评价结果

采样点	样品编号	采样深度/cm	检出浓度/(mg/kg)	单因子累计指数

表 13-5　土壤污染物超标评价结果

采样点	样品编号	采样深度/cm	检出浓度/(mg/kg)	超标倍数	累积程度

表 13-6　地下水质量评价结果

样品	项目	污染物 1	污染物 2	污染物 3	综合评价
	监测数据				
	单项评价				
	监测数据				
	单项评价				

表 13-7　地下水污染物超标评价结果

采样点	采样深度/cm	采集地下水赋存层位	检出浓度/(mg/L)	污染指数	污染程度

图示方面，针对土壤，应以土壤监测点分布图为底图，重点标识污染物明显累积、超标等异常情况。针对地下水，应以地下水流向图（含地下水监测点分布）为底图，重点标识质量评价结果较差、超标等异常情况。

13.2　地块概念模型建立

地块概念模型是结合场地水文地质条件、污染物的理化参数、空间分布及其潜在运移途径等因素，以文字叙述、图像展示和关联图展示等方式概化地块的地层分布，地下水埋深、流向，描述污染物的空间分布特征、污染物的迁移过程、迁移途径、污染介质与受体的相对位置关系、受体的关键暴露途径以及未来建筑物结构特征等的关系模型。其内容主要包括地块水文地质特征、污染源、污染物迁移途径、受体接触污染物的介质和方式等。在电镀企业土壤污染状况调查的过程中，应根据调查和评估的深入，逐步细化完善地块概念模型。

1）模型层次

根据调查阶段的不同地块概念模型可分为以下三个层次。

第Ⅰ层次概念模型：通过初步调查阶段资料收集、现场踏勘、人员访谈完成。主要刻画（潜在）污染源分布、潜在污染区域、可能的污染介质、主要污染物类型及其迁移转化途径。

第Ⅱ层次概念模型：通过初步调查阶段采样分析完成。应达到以下关键要求：①判断第Ⅰ层次概念模型概化的污染假设，明确是否属于污染地块。②初步刻画地块地质情况。

第Ⅲ层次概念模型：通过详细调查阶段采样分析及水文地质调查完成。应至少达到以下关键要求：①明确污染物类型、空间分布状况及其范围等；②明确各污染物来源、迁移转化规律、暴露途径、受体暴露参数、地块及周边环境特征参数等，满足深层次人体健康风险评估要求；③清晰概化地块水文地质特征；④指导地块修复或风险管控方案的设计制订。

2）实现方式

地块概念模型的建立可通过文字叙述、图像展示和关联图展示三种方式实现。

（1）文字叙述。

根据地块信息调查结果，以文字叙述方式，摘要说明场地污染情况（包括污染物类型、污染源分布、污染范围与程度等）、污染源与受体间相互关系及污染物可能产生的影响等。对于污染状况较为简单的地块，可采用该方式展示。

（2）图像展示。

图像展示方式可清晰直观地刻画地块污染源分布、污染范围、污染受体、污染物传输途径、场地水文地质信息等内容，适用于各类型污染地块。示例见图 13-5。

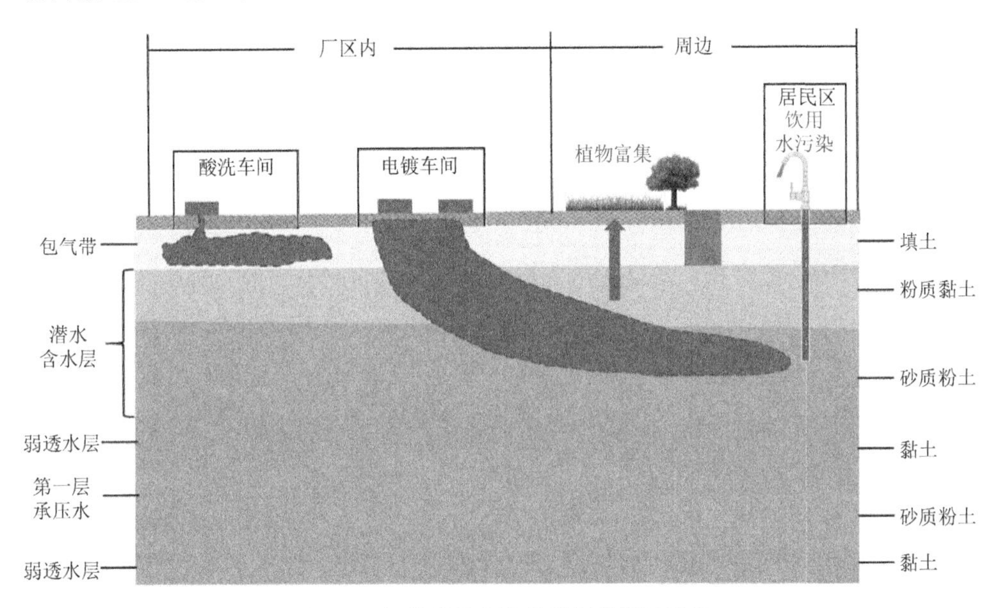

图 13-5　污染地块概念模型图像展示示例

（3）关联图展示。

关联图展示可简要呈现地块污染物传递介质、暴露途径、暴露受体等信息，该展示方式常用于人体健康风险评估工作中。示例见图 13-6。

3）注意事项

地块概念模型是综合刻画地块污染物从源释放并通过土壤、水、空气等环境介质对受体产生影响的关系模型，需综合考虑场地特征，并根据不同阶段的调查结果进行动态更新，因此在概念模型的建立过程中应注意以下事项。

（1）受获取信息限制，概念模型仅为摘要式、概念性刻画地块主要特征，应适当兼顾其他次要信息，避免过于复杂。

（2）根据调查资料及采样分析结果的更新与完善，可能发现前期假设存在错误或不确定性。此时应随着调查的深入实时细化完善地块概念模型，将假设与不确定性进行清晰的描述与界定。

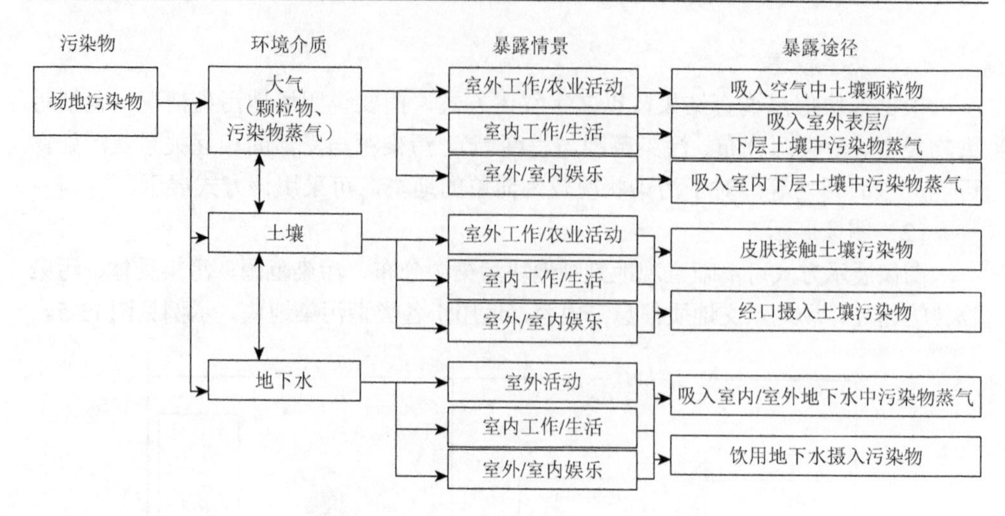

图 13-6　污染地块概念模型关联图示例

（3）对比资料分析、现状识别和污染区初判结果时，可能出现信息不一致的情况，此时应重新梳理分析；必要时，应针对该部分信息进一步进行资料收集或采样分析，予以辨别。

第 14 章　调查报告编制与档案管理

14.1　调查报告编制

根据电镀企业土壤污染状况调查结果编制相应的调查报告，主要包括初步调查报告和详细调查报告。两类报告编制过程中均应明确报告的内容和格式，根据调查结果给出整体结论和建议，并对调查过程中内容的偏差及限制条件对结论的影响进行不确定性分析。

初步调查报告应对初步调查过程和结果进行分析、总结和评价，主要内容包括土壤污染状况调查的概述、地块描述、资料收集与分析、现场踏勘和人员访谈、潜在污染识别、工作计划、现场采样和实验室分析、数据分析、结论和建议、附件等。调查结论应明确调查地块是否属于污染地块，若为污染地块，应说明可能的污染类型、污染状况和来源，并应提出是否需要开展详细调查及建议。报告格式可参照附录 N。

详细调查报告应对土壤污染状况详细调查过程和结果进行分析、总结和评价，主要内容包括初步调查概况、工作计划、现场采样与实验室分析、数据分析、结论和建议、附件等。应提出地块关注污染物清单和污染物分布特征等内容，明确是否需要开展人体健康风险评估，并按照《建设用地土壤污染风险评估技术导则》（HJ 25.3—2019）和《污染场地土壤修复技术导则》（HJ 25.4—2014）的要求，提供地块水文地质特征相关参数和测试数据。报告格式可参照附录 O。

14.2　档 案 管 理

档案建立的意义在于以简洁明了的文本形式将调查结果记录并报告，附以总结性的图和表，以供后续工作参考。规范化的档案记录格式和管理是场地调查科学性和规范性的集中体现。

为保证电镀行业土壤污染状况调查工作的完整性和可追溯性，调查单位应及时汇总整理调查资料及成果，建立调查信息档案，逐步实现调查信息的结构化、数据化、信息化。档案记录按照地块调查的工作内容划分为现场踏勘记录、人员访谈记录、土壤和地下水采样记录、建井及井维护记录、样品转运、保存、质控记录等。

档案推荐格式详见附录 A～附录 L。

主要参考文献

陈同斌. 2015. 区域土壤环境质量. 北京：科学出版社.

方斌斌，王水，曲常胜，等. 2018. 丹麦污染场地修复导则. 北京：科学出版社.

国家发展改革委员会，工业和信息化部，生态环境部. 2015. 电镀行业清洁生产评价指标体系.

田珺，张新华，陈华，等. 2014.电镀行业重金属污染问题及防治对策研究. 污染防治技术，27（4）：39-41.

王玥，冯立明. 2018. 电镀工艺学. 2 版. 北京：化学工业出版社.

张胜涛. 2009. 电镀工艺及其应用. 北京：中国纺织出版社.

周健民，沈仁芳. 2013. 土壤学大辞典. 北京：科学出版社.

住房和城乡建设部. 2012. 建筑工程地质勘探与取样技术规程.

住房和城乡建设部. 2017. 城市工程地球物理探测标准.

U.S. EPA，U.S. Navy SPAWAR Systems Center. 2012. A handbook for determining the sources of PCB contamination in sediment.

U.S. EPA. 1981. Electroplating wastewater sludge characterization.

U.S. EPA. 1985. Environmental regulations and technology：The eletroplating industry.

U.S. EPA. 1988. Guidance for conducting remedial investigations and feasibility studies under CERCLA.

附　　录

附录 A　现场踏勘记录表

____电镀企业现场踏勘记录

填报人员：日期：年____月____日

<table>
<tr><td>踏勘时间</td><td colspan="2"></td><td>天气</td><td colspan="2"></td></tr>
<tr><td>项目名称</td><td colspan="2"></td><td>地块位置</td><td>N:</td><td>E:</td></tr>
<tr><td>踏勘人员</td><td colspan="5"></td></tr>
<tr><td>占地面积/m^2</td><td></td><td>联系人</td><td></td><td>联系电话</td><td></td></tr>
<tr><td rowspan="4">利用现状</td><td colspan="5">厂房拆除□　废弃□　生产中（电镀□/其他□）</td></tr>
<tr><td colspan="5">简述建（构）筑物、设备保留或拆除情况：</td></tr>
<tr><td colspan="5">简述地块地形、地貌现状：</td></tr>
<tr><td colspan="5">简述地块植被覆盖情况：</td></tr>
<tr><td rowspan="16">电镀生产情况</td><td colspan="2">是否具备机械采样条件</td><td colspan="2">是□　否□</td><td>占地面积/m^2</td><td></td></tr>
<tr><td>生产产品 1</td><td colspan="3"></td><td>镀种 1</td><td></td></tr>
<tr><td rowspan="2">生产线类型</td><td colspan="5">手工生产线□　机械自动生产线□　半自动生产线□</td></tr>
<tr><td colspan="5">挂镀生产线□　滚镀生产线□　连续镀□　其他类型____</td></tr>
<tr><td colspan="2">镀槽与地面位置关系</td><td colspan="4">地面以上□　半地埋式□　地埋式□</td></tr>
<tr><td>生产产品 2</td><td colspan="3"></td><td>镀种 2</td><td></td></tr>
<tr><td rowspan="2">生产线类型</td><td colspan="5">手工生产线□　机械自动生产线□　半自动生产线□</td></tr>
<tr><td colspan="5">挂镀生产线□　滚镀生产线□　连续镀□　其他类型____</td></tr>
<tr><td colspan="2">镀槽与地面位置关系</td><td colspan="4">地面以上□　半地埋式□　地埋式□
埋深：</td></tr>
<tr><td colspan="6">除油槽、清洗槽、酸洗槽是否有外溢和渗漏现象　是□　否□</td></tr>
<tr><td colspan="6">挂镀槽、滚镀槽槽液是否有外溢和渗漏现象　是□　否□</td></tr>
<tr><td colspan="6">槽体边缘是否有疑似固体废弃物沉积情况　是□　否□</td></tr>
<tr><td colspan="6">车间地面硬化情况　环氧地坪□　水泥地坪□</td></tr>
<tr><td colspan="6">车间地面是否有明显裂缝　是□　否□</td></tr>
<tr><td colspan="6">车间地面是否有地面溢流情况　是□　否□</td></tr>
<tr><td colspan="6">车间集水沟是否已做好防渗、防漏和防腐措施　是□　否□</td></tr>
</table>

续表

<table>
<tr><td rowspan="24">污染防治
情况</td><td>厂区是否为雨污分流</td><td>是□　否□</td><td>是否为循环水、污水分流</td><td>是□　否□</td></tr>
<tr><td colspan="3">厂区污水收集和排放系统等各类污水管线是否设置清晰</td><td>是□　否□</td></tr>
<tr><td colspan="3">污水处理站所在位置是否具备机械采样条件</td><td>是□　否□</td></tr>
<tr><td colspan="3">污水处理站是否在运行</td><td>是□　否□</td></tr>
<tr><td colspan="3">污水处理站构筑物、设备是否已拆除</td><td>是□　否□</td></tr>
<tr><td colspan="2">进出水管道</td><td colspan="2">塑料管道□　水泥管道□　砖砌管道□</td></tr>
<tr><td colspan="2">污水收集池等主体构筑物结构</td><td colspan="2">钢筋混凝土□　砖砌□　地埋式钢结构□</td></tr>
<tr><td colspan="2">污水收集池等主体构筑物与地面位置关系</td><td colspan="2">地面以上□　半地埋式□　地埋式□</td></tr>
<tr><td colspan="3">污水收集池等主体构筑物是否进行防腐防渗处理</td><td>是□　否□</td></tr>
<tr><td colspan="3">污水排放口是否有明显标识</td><td>是□　否□</td></tr>
<tr><td colspan="3">污水排放口周边土壤颜色、植物生长是否正常</td><td>是□　否□</td></tr>
<tr><td colspan="3">电镀废液储存、处置是否符合相应要求</td><td>是□　否□</td></tr>
<tr><td colspan="3">是否有固定的固废（含危废）储存场所</td><td>是□　否□</td></tr>
<tr><td colspan="3">储存场所（含化学原料、固废等储存场所等）“三防”（防渗漏、防雨淋、防流失）措施是否齐全</td><td>是□　否□</td></tr>
<tr><td colspan="2">化学原料、固废（含危废）等储存场所地面硬化情况</td><td colspan="2">环氧地坪□　水泥地坪□
其他□（请简述：）</td></tr>
<tr><td colspan="3">化学原料、固废（含危废）等储存场所是否具备机械采样条件</td><td>是□　否□</td></tr>
<tr><td colspan="3">化学原料、固废（含危废）等储存场所地面是否有明显裂缝</td><td>是□　否□</td></tr>
<tr><td colspan="4">简述现存固体废弃物（含危废）容器及形状：</td></tr>
<tr><td colspan="3">废气处理设施是否在运行</td><td>是□　否□</td></tr>
<tr><td colspan="3">废气处理设施是否已拆除</td><td>是□　否□</td></tr>
<tr><td colspan="3">废气处理设施下风向土壤颜色、植物生长是否正常</td><td>是□　否□</td></tr>
<tr><td colspan="3">地块内空气中是否有明显酸味或其他异常气味</td><td>是□　否□</td></tr>
<tr><td rowspan="9">其他关注
情况</td><td colspan="3">厂区内是否有锅炉</td><td>是□　否□</td></tr>
<tr><td colspan="3">煤炭堆场硬化情况</td><td>水泥地坪□　无硬化□</td></tr>
<tr><td colspan="3">是否有硬化或防渗的废水排放沟渠、渗坑、水塘</td><td>是□　否□</td></tr>
<tr><td colspan="3">沟渠、渗坑、水塘内是否存有积水</td><td>是□　否□</td></tr>
<tr><td colspan="3">沟渠、渗坑、水塘内积水感官是否异常</td><td>是□　否□</td></tr>
<tr><td colspan="4">简述酸碱、除油剂等生产原料储存情况：（包括储存位置、容器、是否有明显遗撒等）</td></tr>
<tr><td colspan="3">厂区内是否存在地下水井</td><td>是□　否□</td></tr>
<tr><td colspan="4">简述地下水井保存情况：（包括井深、水位埋深、地下水感官性状等）</td></tr>
<tr><td colspan="4">简述地块内正在进行的其他生产活动情况：</td></tr>
</table>

续表

调查监测情况	地块内是否开展过土壤、地下水环境调查		是□　否□
	调查情况简述		
地块周边情况	简述地块周边土地利用情况：（包括与地块位置关系、利用现状、是否为环境敏感目标、是否存在疑似污染痕迹等）		
	是否存在民井、泉眼等		是□　否□
	简述民井、泉眼等基本情况：		

附录B　人员访谈记录表

<table>
<tr><td>项目名称</td><td colspan="3"></td></tr>
<tr><td>访谈日期</td><td></td><td>访谈人员</td><td></td></tr>
<tr><td rowspan="3">受访人员</td><td colspan="3">受访人员类型：
土地使用者□　企业管理人员□　企业员工□　政府管理人员□　环保部门管理人员□
调查地块周边企业工作人员或居民□</td></tr>
<tr><td colspan="2">姓名：</td><td>单位：</td></tr>
<tr><td colspan="2">职务：</td><td>联系方式：</td></tr>
<tr><td>访谈主要内容</td><td colspan="3">（1）建厂前土地利用情况和历史沿革；
（2）原有企业工艺及变化情况；
（3）历史及现阶段生产过程“三废”产生及处理处置情况；
（4）历史生产环境描述，如电镀车间是否污水四溢等；
（5）地下储罐、储槽和管线分布、材质、与地面位置关系及防腐防渗等情况；
（6）历史及现阶段生产过程原辅材料、有毒有害危险化学品使用及储存情况；
（7）地块及周边邻近企业是否发生过化学品泄漏等环境污染事故；
（8）是否有电镀污泥等固体废弃物直接倾倒、掩埋情况；
（9）是否有生产废水直接排放或利用渗坑排放情况；
（10）地块所在区域地下水用途、周边地表水体水质要求；
（11）是否出现过关于企业污染问题的投诉；
（12）地块周边民井、泉眼等是否曾出现水体浑浊、气味及颜色异常等情况；
（13）地块周边农田农作物类型、产量等信息；
（14）地块及周边是否开展过土壤、地下水环境监测；
（15）其他与地块污染调查相关的问题</td></tr>
</table>

附录C　成井记录表

地块名称					
周边情况					
采样井编号			钻探深度/m		
监测井类型	简易监测井□　长期监测井□				
建井开始日期			成井日期		
GPS 坐标	N:　E:				
地面高程/m			井口高程/m		
钻机类型		井管直径/mm		井管材料	
井管总长/m			滤水管类型		
滤水管深度范围/m			沉淀管长度/m		
监测层位	潜水含水层□　浅层承压含水层□　深层承压含水层□				
地下水类型	孔隙水□　裂隙水□　岩溶水□				
砾料起始深度/m			砾料终止深度/m		
砾料（填充物）规格					
止水起始深度/m			止水厚度/m		
止水材料说明					
孔位略图			封孔厚度		
			封孔材料		
			护台高度		
			钻探负责人		
			记录日期	年　月　日	

附录 D　土壤现场钻孔采样记录表

<table>
<tr><td colspan="4">地块名称：</td></tr>
<tr><td>采样点编号：</td><td>采样日期：</td><td>天气：</td><td>大气背景 PID 值：</td></tr>
<tr><td>钻孔负责人：</td><td>钻孔深度/m：</td><td>钻孔直径/mm：</td><td>钻孔进尺深度/m：</td></tr>
<tr><td>钻孔方法：</td><td colspan="2">钻机型号：</td><td>坐标（ E，N）：
是否移位：是□　否□</td></tr>
<tr><td>地面高程/m：</td><td colspan="2">孔口高程/m：</td><td>初见水位/m：
稳定水位/m：</td></tr>
<tr><td>PID 型号：</td><td colspan="2">XRF 型号：</td><td>pH 快检仪器名称及型号：</td></tr>
<tr><td colspan="4">采样人员：</td></tr>
</table>

<table>
<tr><td rowspan="2">地层分布区间/m</td><td>地层信息描述</td><td colspan="2">土壤样品采集</td><td colspan="2">样品污染性状描述</td></tr>
<tr><td>土质分类、密度、湿度等</td><td>取样深度/m</td><td>样品编号</td><td colspan="2">颜色、气味、污染痕迹、油状物等</td></tr>
<tr><td></td><td></td><td></td><td></td><td></td><td></td></tr>
<tr><td></td><td></td><td></td><td></td><td></td><td></td></tr>
</table>

现场快速检测结果

<table>
<tr><td rowspan="2">样品编号</td><td rowspan="2">采样深度/m</td><td rowspan="2">PID 测试结果（单位：　）</td><td colspan="8">XRF 测试结果（单位：）</td><td rowspan="2">pH 测试结果</td></tr>
<tr><td>Cu</td><td>Zn</td><td>Ni</td><td>Cr</td><td>Pb</td><td>Cd</td><td>Hg</td><td>As</td></tr>
<tr><td></td><td></td><td></td><td></td><td></td><td></td><td></td><td></td><td></td><td></td><td></td><td></td></tr>
<tr><td></td><td></td><td></td><td></td><td></td><td></td><td></td><td></td><td></td><td></td><td></td><td></td></tr>
<tr><td></td><td></td><td></td><td></td><td></td><td></td><td></td><td></td><td></td><td></td><td></td><td></td></tr>
<tr><td></td><td></td><td></td><td></td><td></td><td></td><td></td><td></td><td></td><td></td><td></td><td></td></tr>
<tr><td></td><td></td><td></td><td></td><td></td><td></td><td></td><td></td><td></td><td></td><td></td><td></td></tr>
</table>

附录E　土壤采样分析标准作业流程

<table>
<tr><td colspan="3">设备需求</td></tr>
<tr><td colspan="3">电动锤或钻机、钻杆、钻杆拔取器、铣孔机、破碎机、测爆器、PID、FID、XRF、采样衬管、夹链袋等</td></tr>
<tr><td>步骤</td><td>工作项目</td><td>内容</td></tr>
<tr><td>步骤1</td><td>地表地坪破除</td><td>1. 选定土壤采样点，标示点位编号并绘制平面配置图及采样点位置图，然后使用铣孔机或破碎机将采样点的地表地坪保护层破除切割，以方便后续的采样工作。
2. 如地表无地坪保护，则可标示点位编号并绘制平面配置图及采样点位置图后直接进行采样</td></tr>
<tr><td>步骤2</td><td>试挖</td><td>为工作安全考虑，以人工试挖至少至地表下方管线埋设深度，如无相关信息参考，一般试挖深度距地表1～1.5 m，以确认采样点下方有无管线等设施</td></tr>
<tr><td>步骤3</td><td>土壤气体采集检测（薄膜界面探测器）</td><td>使用薄膜界面探测系统步骤说明如下：
1. 将外套管深入土壤至取样深度。
2. 从外套管中拔出内钻杆及探测钻头。
3. 进样时注意温度须在100～120℃。
4. 连接内钻杆及传输线，并放进外套管中。
5. 连接打击帽及外套管。
6. 将钻头缓慢压入下方土壤层中至预定深度。
7. 重复上述步骤直至预定最深深度为止，须注意如遇砾石或硬物无法钻探时应暂停采样</td></tr>
<tr><td>步骤4</td><td>人力/钻机采样</td><td>采样方式按照采样深度不同有两种选择，如采样深度在距地表100cm以内可选择人力方式取样，步骤如下：
1. 将采样套管内连接采样管。
2. 上方连接敲击钻头，以人力方式来回向下施压敲击取样。
如采样深度距地表100 cm以下可选择钻机采样，步骤如下：
1. 将外套管深入土壤至取样深度。
2. 从外套管中拔出内钻杆及贯入钻头。
3. 连接采样管及内钻杆，并放进外套管中。
4. 连接打击帽及外套管。土样进入取样管。
5. 拔出内钻杆及采样管</td></tr>
<tr><td>步骤5</td><td>样品封存</td><td>1. 选择XRF、PID（或FID）数值较高的土壤样品以石蜡或聚四氟乙烯密封袋密封进行样品保存，并在样品套管上以防水笔标明「上下位置」及「检测端」后贴上标签。
2. 由现场工程师记录、确认各项资料并记录特殊状况后，请场方人员签字确认</td></tr>
<tr><td>步骤6</td><td>保存运送</td><td>将采集的样品放入运送箱中（进行4 ℃冷藏），送至实验室进行后续分析工作</td></tr>
<tr><td>步骤7</td><td>封孔</td><td>如地块为水泥地坪，则用水泥封填钻孔；否则以皂土封填，并清理地块以恢复原貌</td></tr>
<tr><td>序号</td><td colspan="2">说明</td></tr>
<tr><td>1</td><td colspan="2">快速检测仪器在检测前均需进行校正</td></tr>
<tr><td>2</td><td colspan="2">使用双套管法进行连续土壤取样时，取样深度原则上应至地下水位面为止或储槽底部下方至少1 m处</td></tr>
</table>

续表

3	采样过程需要缓慢进行，避免因样品回收率不足而使样品缺乏代表性。必要时应予移孔重采，如果不予重采，则在备注栏中叙述其原因，如砾石层等
4	土壤采样过程中注意避免击穿隔水层，造成污染扩散
5	采样完毕后废土应妥善清理
6	实验室人员应取标记有「检测端」处的土壤样品进行分析

附录 F　地下水采样井洗井记录表

<table>
<tr><td colspan="11">基本信息</td></tr>
<tr><td colspan="11">地块名称：</td></tr>
<tr><td colspan="4">采样日期：</td><td colspan="7">采样单位：</td></tr>
<tr><td colspan="4">采样井编号：</td><td colspan="7">采样井锁扣是否完整：是□　　否□</td></tr>
<tr><td colspan="4">天气状况：</td><td colspan="7">48 h 内是否强降水：是□　　否□</td></tr>
<tr><td colspan="11">采样点地面是否积水：是□　　　否□</td></tr>
<tr><td colspan="11">洗井资料</td></tr>
<tr><td colspan="4">洗井设备/方式：</td><td colspan="7">洗井前水位面至井口高度/m：</td></tr>
<tr><td colspan="4">井水深度/m：</td><td colspan="7">井水体积/L：</td></tr>
<tr><td colspan="4">洗井开始时间：</td><td colspan="7">洗井结束时间：</td></tr>
<tr><td colspan="11">水质多参数测试仪型号：</td></tr>
<tr><td colspan="11">现场检测仪器校正</td></tr>
<tr><td colspan="11">pH 校正，使用缓冲溶液后的确认值：</td></tr>
<tr><td colspan="11">电导率校正：　校正标准液：　标准液的电导率：　μS/cm</td></tr>
<tr><td colspan="11">溶解氧仪校正：满点校正读数_____mg/L，校正时温度_____℃，校正值___mg/L</td></tr>
<tr><td colspan="11">氧化还原电位校正，校正标准液____，标准液的氧化还原电位值____mV</td></tr>
<tr><td colspan="11">洗井过程记录</td></tr>
<tr><td>时间
/min</td><td>洗井汲水速率
/(L/min)</td><td>水面距井口高度/m</td><td>洗井出水体积
/L</td><td>温度/℃</td><td>pH</td><td>电导率
/(μS/cm)</td><td>溶解氧
/(mg/L)</td><td>氧化还原电位
/mV</td><td>浊度
/NTU</td><td>井水表观性状</td></tr>
<tr><td>洗井前</td><td></td><td></td><td></td><td></td><td></td><td></td><td></td><td></td><td></td><td></td></tr>
<tr><td>洗井中</td><td></td><td></td><td></td><td></td><td></td><td></td><td></td><td></td><td></td><td></td></tr>
<tr><td>……</td><td></td><td></td><td></td><td></td><td></td><td></td><td></td><td></td><td></td><td></td></tr>
<tr><td>洗井中</td><td></td><td></td><td></td><td></td><td></td><td></td><td></td><td></td><td></td><td></td></tr>
<tr><td>洗井后</td><td></td><td></td><td></td><td></td><td></td><td></td><td></td><td></td><td></td><td></td></tr>
<tr><td colspan="5">洗井水总体积/L：</td><td colspan="6">洗井结束时水位面至井口高度/m：</td></tr>
<tr><td colspan="11">洗井人员：</td></tr>
<tr><td colspan="11">采样人员：</td></tr>
</table>

附录G　地下水采样记录表

<table>
<tr><td colspan="5">企业名称：</td><td colspan="5">采样日期：</td><td colspan="4">采样单位：</td></tr>
<tr><td colspan="5">天气（描述及温度）：</td><td colspan="5">采样前 48 h 内是否强降水：是□　否□</td><td colspan="4">采样点地面是否积水：
是□　否□</td></tr>
<tr><td colspan="5">油水界面仪型号：</td><td colspan="9">是否有漂浮的油类物质及油层厚度：是□　cm　否□</td></tr>
<tr><td>编号</td><td>对应土壤采样点编号</td><td>采样井锁扣是否完整</td><td>水位埋深/m</td><td>采样设备</td><td>采样器放置深度/m</td><td>汲水速率/(L/min)</td><td>温度/℃</td><td>pH</td><td>电导率/(μS/cm)</td><td>溶解氧/(mg/L)</td><td>氧化还原电位/mV</td><td>浊度/NTU</td><td>地下水性状观察</td></tr>
<tr><td></td><td></td><td></td><td></td><td></td><td></td><td></td><td></td><td></td><td></td><td></td><td></td><td></td><td></td></tr>
<tr><td></td><td></td><td></td><td></td><td></td><td></td><td></td><td></td><td></td><td></td><td></td><td></td><td></td><td></td></tr>
<tr><td></td><td></td><td></td><td></td><td></td><td></td><td></td><td></td><td></td><td></td><td></td><td></td><td></td><td></td></tr>
<tr><td colspan="14">采样人员：</td></tr>
</table>

附录 H　地下水监测井设置与采样分析标准作业流程

<table>
<tr><td colspan="3">设备需求</td></tr>
<tr><td colspan="3">电动锤或钻机、钻杆、套管、钻杆拔取器、铣孔机、贝勒管或采样泵、油水位界面仪、量尺、样品容器、温度计、携带式 pH 计、携带式导电度计、携带式溶氧计、携带式氧化还原电位计、携带式浊度计、水平仪、石英砂滤料、皂土、水泥、井筛管等</td></tr>
<tr><td>步骤</td><td>工作项目</td><td>内容</td></tr>
<tr><td>步骤 1</td><td>钻机深入至预定深度</td><td>使用钻机将建井所需的外套管向下连接钻探至所需深度（注：外套管的管径应比监测井口径宽，方便滤料回填）
建议建井完成后的井内含水区间应至少涵盖开筛区间长度 1/2 以上</td></tr>
<tr><td>步骤 2</td><td>放入井筛管</td><td>将外套管顶端的抛弃式钻头顶出，同时置入 PVC 材质的井筛管（井筛管内径需大于 0.1 m），并回拔外套管</td></tr>
<tr><td>步骤 3</td><td>回填适量滤料</td><td>将适量的石英砂等滤料填入外套管及井筛管间的空隙中，注意滤料深度须高于井筛管设置的深度</td></tr>
<tr><td>步骤 4</td><td>井孔排水清洗</td><td>设置完成后可利用泵抽水洗井，观察监测井功能（如回水）是否正常。
采样前必须排出井孔中的积水（清洗），以取得新鲜的地下水样品。清洗完成的条件是：所排出的水不少于 3 倍井孔积水体积且水质指示参数达到稳定。
所有监测井设置资料应翔实填写在「地下水监测井基本情况表」中</td></tr>
<tr><td>步骤 5</td><td>水质基本项目测定</td><td>使用贝勒管或采样泵汲取部分地下水，采样深度需在地下水位面 0.5 m 以下，以保证水质能代表地下水水质，检测其温度、pH、电导率、溶解氧、氧化还原电位与浊度等项目</td></tr>
<tr><td>步骤 6</td><td>监测井采样</td><td>采样前先以水位计测量地下水位，再以贝勒管或采样泵进行采样。采样应在洗井后 2 h 内进行，若监测井位于低渗透性地层，洗井后，待新鲜水回补，应尽快于井底采样
（注：采集含挥发性有机物或半挥发性有机物的地下水样品时，仪器需缓缓上升或下降，以避免造成井水扰动，造成气提或曝气作用）</td></tr>
<tr><td>步骤 7</td><td>装样及送样分析</td><td>将采集的地下水样品装瓶、加药保存、以石蜡膜封口，并贴上标签后，装入 4℃冷藏运送箱送回实验室进行分析</td></tr>
<tr><td>步骤 8</td><td>高程测量与卫星定位</td><td>所有监测井设置及采样完成后，在地块内选定一参考基准点，以水平仪进行各监测井的相对高程测量。
进行卫星定位测量工作并记录</td></tr>
<tr><td>步骤 9</td><td>监测井完井</td><td>监测井应设立明显告示牌，井（孔）口应高出地面 0.5 m 以上，井（孔）安装保护帽并采取防渗措施，四周设置防护栏；人工监测水位的监测井则应加设井盖，井口须有固定点标志</td></tr>
<tr><td>序号</td><td colspan="2">说明</td></tr>
<tr><td>1</td><td colspan="2">现场水质测量仪器在测量前均需进行校正</td></tr>
<tr><td>2</td><td colspan="2">在分析挥发性有机物（VOCs）时，以泵抽取可能造成扰动并影响检测结果，因此采样时需以贝勒管汲取水样并缓慢进行</td></tr>
</table>

续表

3	井筛、钻杆、钻头等采样器材均需要清洗或使用抛弃式材质，以避免交叉污染
4	设置监测井过程中注意避免击穿隔水层，以防污染扩散
5	采样完毕后，如发生井筛管无法拔出的情况，需要将该井管切除使其与地面齐平或低于地面后，再进行完井程序

附录I　样品保存检查记录表

样品编号	检查内容					
	样品标识	包装容器	样品状态	保存条件	保存时间	日常检查记录
样品采集人员：				调查单位检查人员：		

附录J 样品运送表

<table>
<tr><td colspan="4">采样单位：</td><td colspan="3">地块名称：</td></tr>
<tr><td colspan="4">联系人：</td><td colspan="3">地块所在地：</td></tr>
<tr><td colspan="2" rowspan="2">地址/邮编：</td><td colspan="2">电话：</td><td colspan="3">电子版报告发送至：</td></tr>
<tr><td colspan="2">传真：</td><td colspan="3">文本报告寄送至：</td></tr>
<tr><td colspan="4">质控要求：标准□　其他□（详细说明）</td><td colspan="2">要求分析参数
（可加附件）</td><td></td></tr>
<tr><td colspan="4">测试方法：国标（GB）□　其他方法□（详细说明）</td><td colspan="2" rowspan="4"></td><td rowspan="4">特别说明
保温箱是否完整：
接收时保温箱内温度：
样品瓶是否有破损：
其他：</td></tr>
<tr><td colspan="4">加盖 CMA 章：是□　否□
加盖 CNAS 章：是□　否□</td></tr>
<tr><td colspan="2">样品描述</td><td>介质</td><td>容器与保护剂</td></tr>
<tr><td>样品编号</td><td>实验室样品号</td><td>采样日期时间</td><td></td></tr>
<tr><td></td><td></td><td></td><td></td><td colspan="2"></td><td rowspan="2">冷藏□
常温□
其他□</td></tr>
<tr><td></td><td></td><td></td><td></td><td colspan="2"></td></tr>
<tr><td colspan="7">测试周期要求：10 个工作日□　7 个工作日□　5 个工作日□　其他□（请注明）</td></tr>
<tr><td colspan="7">一个月后的样品处理：归还样品提供单位□　由实验室处理□　样品保留□（时间：月）</td></tr>
<tr><td>是否退样</td><td>是□　否□</td><td>退样理由</td><td colspan="4"></td></tr>
<tr><td>样品送出</td><td colspan="3">样品接收</td><td colspan="3">运送方法</td></tr>
<tr><td>姓名：
日期/时间：</td><td colspan="3">姓名：
日期/时间：</td><td colspan="3"></td></tr>
</table>

附录K　土壤主要监测项目及分析方法

监测项目	国内方法	检出限	USEPA 方法	检出限
砷	《土壤和沉积物 汞、砷、硒、铋、锑的测定 微波消解/原子荧光法》（HJ 680—2013）	0.01 mg/kg	硝酸消解 EPA3050B：1996	3.75 mg/kg
	《土壤和沉积物 12 种金属元素的测定 王水提取-电感耦合等离子体质谱法》（HJ 803—2016）	电热板消解法： 0.6 mg/kg 微波消解法： 0.4 mg/kg	电感耦合等离子体发射光谱法 EPA6010C：2007	3.75 mg/kg
	《土壤质量 总汞、总砷、总铅的测定 原子荧光法 第 2 部分：土壤中总砷的测定》（GB/T 22105.2—2008）	0.01 mg/kg		
镉	《土壤质量 铅、镉的测定 石墨炉原子吸收分光光度法》（GB/T 17141—1997）	0.01 mg/kg	电感耦合等离子体发射光谱法 EPA6010C：2007	0.25 mg/kg
六价铬	《土壤和沉积物 六价铬的测定 碱溶液提取-火焰原子吸收分光光度法》（HJ 1082—2019）	0.5 mg/kg	碱消解 EPA3060A：1996	0.16 mg/kg
	《固体废物 22 种金属元素的测定 电感耦合等离子体发射光谱法》（HJ 781—2016）	0.5 mg/kg	比色法 EPA7196A：1992	0.16 mg/kg
	《固体废物 金属元素的测定 电感耦合等离子体质谱法》（HJ 766—2015）	0.4 mg/kg		
	《土壤 总铬的测定 火焰原子吸收分光光度法》（HJ 491—2009）	5.0 mg/kg		
	《土壤质量 痕量元素的提取 硝酸铵法电感耦合等离子体质谱法》（ISO 19730：2008）	0.1 mg/kg		
	《土壤和沉积物 无机元素的测定 波长色散 X 射线荧光光谱法》（HJ 780—2015）	3.0 mg/kg		
	《固体废物 六价铬的测定 碱消解/火焰原子吸收分光光度法》（HJ 687—2014）	2.0 mg/kg		
铜	《土壤质量 铜、锌的测定 火焰原子吸收分光光度法》（GB/T 17138—1997）	1 mg/kg	电感耦合等离子体发射光谱法 EPA6010C：2007	0.25 mg/kg
	《土壤和沉积物 无机元素的测定 波长色散 X 射线荧光光谱法》（HJ 780—2015）	1.2 mg/kg		
铅	《土壤质量 铅、镉的测定 石墨炉原子吸收分光光度法》（GB/T 17141—1997）	0.1 mg/kg	电感耦合等离子体发射光谱法 EPA6010C：2007	EPA6010C：5 mg/kg
	《土壤和沉积物 无机元素的测定 波长色散 X 射线荧光光谱法》（HJ 780—2015）	2.0 mg/kg	硝酸消解 EPA3050B：1996	EPA3050B：5 mg/kg

续表

监测项目	国内方法	检出限	USEPA 方法	检出限
汞	《土壤和沉积物 汞、砷、硒、铋、锑的测定 微波消解/原子荧光法》（HJ 680—2013）	0.002 mg/kg	热分解齐化原子吸收光度法 USEPA7473—2007	0.01 mg/kg
	《土壤质量 总汞、总砷、总铅的测定 原子荧光法 第 1 部分：土壤中总汞的测定》（GB/T 22105.1—2008）	0.002 mg/kg		
	《土壤质量 总汞的测定 冷原子吸收分光光度法》（GB/T 17136—1997）	0.005 mg/kg		
	《土壤和沉积物 总汞的测定 催化热解-冷原子吸收分光光度法》（HJ 923—2017）	0.2 μg/kg		
镍	《土壤质量 镍的测定 火焰原子吸收分光光度法》（GB/T 17139—1997）	5.0 mg/kg	电感耦合等离子体发射光谱法 EPA6010C：2007	2.25 mg/kg
	《土壤和沉积物 无机元素的测定 波长色散 X 射线荧光光谱法》（HJ 780—2015）	1.5 mg/kg	硝酸消解 EPA3050B：1996	2.25 mg/kg
四氯化碳	《土壤和沉积物 挥发性有机物的测定 顶空/气相色谱-质谱法》（HJ 642—2013）	2.1 μg/kg	挥发性有机物分析 EPA 5032	外标：1.7 μg/kg
	《土壤和沉积物 挥发性有机物的测定 吹扫捕集/气相色谱-质谱法》（HJ 605—2011）	1.3 μg/kg		
	《土壤和沉积物 挥发性卤代烃的测定 顶空/气相色谱-质谱法》（HJ 736—2015）	2.0 μg/kg		
	《土壤和沉积物 挥发性卤代烃的测定 吹扫捕集/气相色谱-质谱法》（HJ 735—2015）	0.3 μg/kg		
	《土壤和沉积物 挥发性有机物的测定 顶空/气相色谱法》（HJ 741—2015）	0.03 mg/kg		
氯仿	《土壤和沉积物 挥发性有机物的测定 顶空/气相色谱-质谱法》（HJ 642—2013）	1.5 μg/kg	挥发性有机物分析 EPA 5032	外标：2.6 μg/kg
	《土壤和沉积物 挥发性有机物的测定 吹扫捕集/气相色谱-质谱法》（HJ 605—2011）	1.1 μg/kg		
	《土壤和沉积物 挥发性卤代烃的测定 顶空/气相色谱-质谱法》（HJ 736—2015）	2.0 μg/kg		
	《土壤和沉积物 挥发性卤代烃的测定 吹扫捕集/气相色谱-质谱法》（HJ 735—2015）	0.3 μg/kg		
	《土壤和沉积物 挥发性有机物的测定 顶空/气相色谱法》（HJ 741—2015）	0.02 mg/kg		
氯甲烷	《土壤和沉积物 挥发性有机物的测定 吹扫捕集/气相色谱-质谱法》（HJ 605—2011）	1.0 μg/kg	挥发性有机物分析 EPA 5032	外标：8.6 μg/kg
	《土壤和沉积物 挥发性卤代烃的测定 顶空/气相色谱-质谱法》（HJ 736—2015）	3.0 μg/kg		
	《土壤和沉积物 挥发性卤代烃的测定 吹扫捕集/气相色谱-质谱法》（HJ 735—2015）	0.3 μg/kg		

续表

监测项目	国内方法	检出限	USEPA 方法	检出限
1, 1-二氯乙烷	《土壤和沉积物 挥发性有机物的测定 顶空/气相色谱-质谱法》（HJ 642—2013）	1.6 μg/kg	挥发性有机物分析 EPA 5032	外标：1.7 μg/kg
	《土壤和沉积物 挥发性有机物的测定 吹扫捕集/气相色谱-质谱法》（HJ 605—2011）	1.2 μg/kg		
	《土壤和沉积物 挥发性卤代烃的测定 顶空/气相色谱-质谱法》（HJ 736—2015）	2.0 μg/kg		
	《土壤和沉积物 挥发性卤代烃的测定 吹扫捕集/气相色谱-质谱法》（HJ 735—2015）	0.3 μg/kg		
	《土壤和沉积物 挥发性有机物的测定 顶空/气相色谱法》（HJ 741—2015）	0.02 mg/kg		
1, 2-二氯乙烷	《土壤和沉积物 挥发性有机物的测定 顶空/气相色谱-质谱法》（HJ 642—2013）	1.3 μg/kg	挥发性有机物分析 EPA 5032	外标：1.7 μg/kg
	《土壤和沉积物 挥发性有机物的测定 吹扫捕集/气相色谱-质谱法》（HJ 605—2011）	1.3 μg/kg		
	《土壤和沉积物 挥发性卤代烃的测定 顶空/气相色谱-质谱法》（HJ 736—2015）	3.0 μg/kg		
	《土壤和沉积物 挥发性卤代烃的测定 吹扫捕集/气相色谱-质谱法》（HJ 735—2015）	0.3 μg/kg		
	《土壤和沉积物 挥发性有机物的测定 顶空/气相色谱法》（HJ 741—2015）	0.01 mg/kg		
1, 1-二氯乙烯	《土壤和沉积物 挥发性有机物的测定 顶空/气相色谱-质谱法》（HJ 642—2013）	0.8 μg/kg	挥发性有机物分析 EPA 5032	外标：3.8 μg/kg
	《土壤和沉积物 挥发性有机物的测定 吹扫捕集/气相色谱-质谱法》（HJ 605—2011）	1.0 μg/kg		
	《土壤和沉积物 挥发性卤代烃的测定 顶空/气相色谱-质谱法》（HJ 736—2015）	2.0 μg/kg		
	《土壤和沉积物 挥发性卤代烃的测定 吹扫捕集/气相色谱-质谱法》（HJ 735—2015）	0.3 μg/kg		
	《土壤和沉积物 挥发性有机物的测定 顶空/气相色谱法》（HJ 741—2015）	0.01 mg/kg		
顺-1, 2-二氯乙烯	《土壤和沉积物 挥发性有机物的测定 顶空/气相色谱-质谱法》（HJ 642 —2013）	0.9 μg/kg	挥发性有机物分析 EPA 5032	外标：2.7 μg/kg
	《土壤和沉积物 挥发性有机物的测定 吹扫捕集/气相色谱-质谱法》（HJ 605—2011）	1.3 μg/kg		
	《土壤和沉积物 挥发性卤代烃的测定 顶空/气相色谱-质谱法》（HJ 736—2015）	3.0 μg/kg		
	《土壤和沉积物 挥发性卤代烃的测定 吹扫捕集/气相色谱-质谱法》（HJ 735—2015）	0.3 μg/kg		
	《土壤和沉积物 挥发性有机物的测定 顶空/气相色谱法》（HJ 741—2015）	0.008 mg/kg		

续表

监测项目	国内方法	检出限	USEPA 方法	检出限
反-1, 2-二氯乙烯	《土壤和沉积物 挥发性有机物的测定 顶空/气相色谱-质谱法》（HJ 642—2013）	0.9 μg/kg	挥发性有机物分析 EPA 5032	外标：3.2 μg/kg
	《土壤和沉积物 挥发性有机物的测定 吹扫捕集/气相色谱-质谱法》（HJ 605—2011）	1.4 μg/kg		
	《土壤和沉积物 挥发性卤代烃的测定 顶空/气相色谱-质谱法》（HJ 736—2015）	3.0 μg/kg		
	《土壤和沉积物 挥发性卤代烃的测定 吹扫捕集/气相色谱-质谱法》（HJ 735—2015）	0.3 μg/kg		
	《土壤和沉积物 挥发性有机物的测定 顶空/气相色谱法》（HJ 741—2015）	0.02 mg/kg		
二氯甲烷	《土壤和沉积物 挥发性有机物的测定 顶空/气相色谱-质谱法》（HJ 642—2013）	2.6 μg/kg	挥发性有机物分析 EPA 5032	外标：3.3 μg/kg
	《土壤和沉积物 挥发性有机物的测定 吹扫捕集/气相色谱-质谱法》（HJ 605—2011）	1.5 μg/kg		
	《土壤和沉积物 挥发性卤代烃的测定 顶空/气相色谱-质谱法》（HJ 736—2015）	3.0 μg/kg		
	《土壤和沉积物 挥发性卤代烃的测定 吹扫捕集/气相色谱-质谱法》（HJ 735—2015）	0.3 μg/kg		
	《土壤和沉积物 挥发性有机物的测定 顶空/气相色谱法》（HJ 741—2015）	0.02 mg/kg		
1，2-二氯丙烷	《土壤和沉积物 挥发性有机物的测定 顶空/气相色谱-质谱法》（HJ 642—2013）	1.9 μg/kg	挥发性有机物分析 EPA 5032	外标：3.7 μg/kg
	《土壤和沉积物 挥发性有机物的测定 吹扫捕集/气相色谱-质谱法》（HJ 605—2011）	1.1 μg/kg		
	《土壤和沉积物 挥发性卤代烃的测定 顶空/气相色谱-质谱法》（HJ 736—2015）	2.0 μg/kg		
	《土壤和沉积物 挥发性卤代烃的测定 吹扫捕集/气相色谱-质谱法》（HJ 735—2015）	0.3 μg/kg		
	《土壤和沉积物 挥发性有机物的测定 顶空/气相色谱法》（HJ 741—2015）	0.008 mg/kg		
1, 1, 1, 2-四氯乙烷	《土壤和沉积物 挥发性有机物的测定 顶空/气相色谱-质谱法》（HJ 642 —2013）	1.0 μg/kg		
	《土壤和沉积物 挥发性有机物的测定 吹扫捕集/气相色谱-质谱法》（HJ 605—2011）	1.2 μg/kg		
	《土壤和沉积物 挥发性卤代烃的测定 顶空/气相色谱-质谱法》（HJ 736—2015）	3.0 μg/kg		
	《土壤和沉积物 挥发性卤代烃的测定 吹扫捕集/气相色谱-质谱法》（HJ 735—2015）	0.3 μg/kg		
	《土壤和沉积物 挥发性有机物的测定 顶空/气相色谱法》（HJ 741—2015）	0.020 mg/kg		

续表

监测项目	国内方法	检出限	USEPA 方法	检出限
1, 1, 2, 2-四氯乙烷	《土壤和沉积物 挥发性有机物的测定 顶空/气相色谱-质谱法》（HJ 642—2013）	1.0 μg/kg	挥发性有机物分析 EPA 5032	外标：3.2 μg/kg
	《土壤和沉积物 挥发性有机物的测定 吹扫捕集/气相色谱-质谱法》（HJ 605—2011）	1.2 μg/kg		
	《土壤和沉积物 挥发性卤代烃的测定 顶空/气相色谱-质谱法》（HJ 736—2015）	3.0 μg/kg		
	《土壤和沉积物 挥发性卤代烃的测定 吹扫捕集/气相色谱-质谱法》（HJ 735—2015）	0.3 μg/kg		
	《土壤和沉积物 挥发性有机物的测定 顶空/气相色谱法》（HJ 741—2015）	0.02 mg/kg		
四氯乙烯	《土壤和沉积物 挥发性有机物的测定 顶空/气相色谱-质谱法》（HJ 642—2013）	0.8 μg/kg	挥发性有机物分析 EPA 5032	外标：2.6 μg/kg
	《土壤和沉积物 挥发性有机物的测定 吹扫捕集/气相色谱-质谱法》（HJ 605—2011）	1.4 μg/kg		
	《土壤和沉积物 挥发性卤代烃的测定 顶空/气相色谱-质谱法》（HJ 736—2015）	2.0 μg/kg		
	《土壤和沉积物 挥发性卤代烃的测定 吹扫捕集/气相色谱-质谱法》（HJ 735—2015）	0.3 μg/kg		
	《土壤和沉积物 挥发性有机物的测定 顶空/气相色谱法》（HJ 741—2015）	0.02 mg/kg		
1, 1, 1-三氯乙烷	《土壤和沉积物 挥发性有机物的测定 顶空/气相色谱-质谱法》（HJ 642—2013）	1.1 μg/kg	挥发性有机物分析 EPA 5032	外标：2.4 μg/kg
	《土壤和沉积物 挥发性有机物的测定吹扫捕集/气相色谱-质谱法》（HJ 605—2011）	1.3 μg/kg		
	《土壤和沉积物 挥发性卤代烃的测定 顶空/气相色谱-质谱法》（HJ 736—2015）	2.0 μg/kg		
	《土壤和沉积物 挥发性卤代烃的测定 吹扫捕集/气相色谱-质谱法》（HJ 735—2015）	0.3 μg/kg		
	《土壤和沉积物 挥发性有机物的测定 顶空/气相色谱法》（HJ 741—2015）	0.02 mg/kg		
1, 1, 2-三氯乙烷	《土壤和沉积物 挥发性有机物的测定 顶空/气相色谱-质谱法》（HJ 642—2013）	1.4 μg/kg	挥发性有机物分析 EPA 5032	外标：2.8 μg/kg
	《土壤和沉积物 挥发性有机物的测定吹扫捕集/气相色谱-质谱法》（HJ 605—2011）	1.2 μg/kg		
	《土壤和沉积物 挥发性卤代烃的测定 顶空/气相色谱-质谱法》（HJ 736—2015）	2.0 μg/kg		
	《土壤和沉积物 挥发性卤代烃的测定 吹扫捕集/气相色谱-质谱法》（HJ 735—2015）	0.3 μg/kg		
	《土壤和沉积物 挥发性有机物的测定 顶空/气相色谱法》（HJ 741—2015）	0.02 mg/kg		

续表

监测项目	国内方法	检出限	USEPA 方法	检出限
三氯乙烯	《土壤和沉积物 挥发性有机物的测定 顶空/气相色谱-质谱法》（HJ 642—2013）	0.9 μg/kg	挥发性有机物分析 EPA 5032	外标：3.0 μg/kg
	《土壤和沉积物 挥发性有机物的测定 吹扫捕集/气相色谱-质谱法》（HJ 605—2011）	1.2 μg/kg		
	《土壤和沉积物 挥发性卤代烃的测定 顶空/气相色谱-质谱法》（HJ 736—2015）	2.0 μg/kg		
	《土壤和沉积物 挥发性卤代烃的测定 吹扫捕集/气相色谱-质谱法》（HJ 735—2015）	0.3 μg/kg		
	《土壤和沉积物 挥发性有机物的测定 顶空/气相色谱法》（HJ 741—2015）	0.009 mg/kg		
1, 2, 3-三氯丙烷	《土壤和沉积物 挥发性有机物的测定 顶空/气相色谱-质谱法》（HJ 642—2013）	1.0 μg/kg		
	《土壤和沉积物 挥发性有机物的测定 吹扫捕集/气相色谱-质谱法》（HJ 605—2011）	1.2 μg/kg		
	《土壤和沉积物 挥发性卤代烃的测定 顶空/气相色谱-质谱法》（HJ 736—2015）	3.0 μg/kg		
	《土壤和沉积物 挥发性卤代烃的测定 吹扫捕集/气相色谱-质谱法》（HJ 735—2015）	0.3 μg/kg		
	《土壤和沉积物 挥发性有机物的测定 顶空/气相色谱法》（HJ 741—2015）	0.02 mg/kg		
氯乙烯	《土壤和沉积物 挥发性有机物的测定 顶空/气相色谱-质谱法》（HJ 642—2013）	1.5 μg/kg	挥发性有机物分析 EPA 5032	外标：7.1 μg/kg
	《土壤和沉积物 挥发性有机物的测定 吹扫捕集/气相色谱-质谱法》（HJ 605—2011）	1.0 μg/kg		
	《土壤和沉积物 挥发性卤代烃的测定 顶空/气相色谱-质谱法》（HJ 736—2015）	2.0 μg/kg		
	《土壤和沉积物 挥发性卤代烃的测定 吹扫捕集/气相色谱-质谱法》（HJ 735-2015）	0.3 μg/kg		
	《土壤和沉积物 挥发性有机物的测定 顶空/气相色谱法》（HJ 741—2015）	0.02 mg/kg		
苯	《土壤和沉积物 挥发性有机物的测定 顶空/气相色谱法》（HJ 741—2015）	0.01 mg/kg	挥发性有机物分析 EPA 5032	外标：2.9 μg/kg
	《土壤和沉积物 挥发性有机物的测定 顶空/气相色谱-质谱法》（HJ 642 —2013）	1.6 μg/kg		
	《土壤和沉积物 挥发性有机物的测定 吹扫捕集/气相色谱-质谱法》（HJ 605—2011）	1.9 μg/kg		
	《土壤和沉积物 挥发性芳香烃的测定 顶空/气相色谱法》（HJ 742—2015）	3.1 μg/kg		

续表

监测项目	国内方法	检出限	USEPA 方法	检出限
氯苯	《土壤和沉积物 挥发性有机物的测定 顶空/气相色谱法》（HJ 741—2015）	0.005 mg/kg	挥发性有机物分析 EPA 5032	外标：2.6 μg/kg
	《土壤和沉积物 挥发性有机物的测定 顶空/气相色谱-质谱法》（HJ 642—2013）	1.1 g/kg		
	《土壤和沉积物 挥发性有机物的测定 吹扫捕集/气相色谱-质谱法》（HJ 605—2011）	1.2 μg/kg		
	《土壤和沉积物 挥发性芳香烃的测定 顶空/气相色谱法》（HJ 742—2015）	3.9 μg/kg		
1, 2-二氯苯	《土壤和沉积物 挥发性有机物的测定 顶空/气相色谱法》（HJ 741—2015）	0.02 mg/kg		
	《土壤和沉积物 挥发性有机物的测定 顶空/气相色谱-质谱法》（HJ 642—2013）	1.0 μg/kg		
	《土壤和沉积物 挥发性有机物的测定 吹扫捕集/气相色谱-质谱法》（HJ 605—2011）	1.5 μg/kg		
	《土壤和沉积物 挥发性芳香烃的测定 顶空/气相色谱法》（HJ 742—2015）	3.6 μg/kg		
	《土壤和沉积物 半挥发性有机物的测定 气相色谱-质谱法》（HJ 834—2017）	0.08 mg/kg		
1, 4-二氯苯	《土壤和沉积物 挥发性有机物的测定 顶空/气相色谱法》（HJ 741—2015）	0.008 mg/kg		
	《土壤和沉积物 挥发性有机物的测定 顶空/气相色谱-质谱法》（HJ 642—2013）	1.2 μg/kg		
	《土壤和沉积物 挥发性有机物的测定 吹扫捕集/气相色谱-质谱法》（HJ 605—2011）	1.5 μg/kg		
	《土壤和沉积物 挥发性芳香烃的测定 顶空/气相色谱法》（HJ 742—2015）	4.3 μg/kg		
	《土壤和沉积物 半挥发性有机物的测定 气相色谱-质谱法》（HJ 834—2017）	0.08 mg/kg		
乙苯	《土壤和沉积物 挥发性有机物的测定 顶空/气相色谱法》（HJ 741—2015）	0.006 mg/kg	挥发性有机物分析 EPA 5032	外标：4.1 μg/kg
	《土壤和沉积物 挥发性有机物的测定 顶空/气相色谱-质谱法》（HJ 642—2013）	1.2 μg/kg		
	《土壤和沉积物 挥发性有机物的测定 吹扫捕集/气相色谱-质谱法》（HJ 605—2011）	1.2 μg/kg		
	《土壤和沉积物 挥发性芳香烃的测定 顶空/气相色谱法》（HJ 742—2015）	4.6 μg/kg		
苯乙烯	《土壤和沉积物 挥发性有机物的测定 顶空/气相色谱法》（HJ 741—2015）	0.02 mg/kg	挥发性有机物分析 EPA 5032	外标：2.5 μg/kg
	《土壤和沉积物 挥发性有机物的测定 顶空/气相色谱-质谱法》（HJ 642—2013）	1.6 μg/kg		

续表

监测项目	国内方法	检出限	USEPA 方法	检出限
苯乙烯	《土壤和沉积物 挥发性有机物的测定 吹扫捕集/气相色谱-质谱法》（HJ 605—2011）	1.1 μg/kg		
	《土壤和沉积物 挥发性芳香烃的测定 顶空/气相色谱法》（HJ 742—2015）	3.0 μg/kg		
甲苯	《土壤和沉积物 挥发性有机物的测定 顶空/气相色谱法》（HJ 741—2015）	0.006 mg/kg	挥发性有机物分析 EPA 5032	外标：4.4 μg/kg
	《土壤和沉积物 挥发性有机物的测定 顶空/气相色谱-质谱法》（HJ 642—2013）	2.0 μg/kg		
	《土壤和沉积物 挥发性有机物的测定 吹扫捕集/气相色谱-质谱法》（HJ 605—2011）	1.3 μg/kg		
	《土壤和沉积物 挥发性芳香烃的测定 顶空/气相色谱法》（HJ 742—2015）	3.2 μg/kg		
间二甲苯+对二甲苯	《土壤和沉积物 挥发性有机物的测定 顶空/气相色谱法》（HJ 741—2015）	0.009 mg/kg	挥发性有机物分析 EPA 5032	外标：3.9 μg/kg
	《土壤和沉积物 挥发性有机物的测定 顶空/气相色谱-质谱法》（HJ 642—2013）	3.6 μg/kg		
	《土壤和沉积物 挥发性有机物的测定 吹扫捕集/气相色谱-质谱法》（HJ 605—2011）	1.2 μg/kg		
	《土壤和沉积物 挥发性芳香烃的测定 顶空/气相色谱法》（HJ 742—2015）	间二甲苯：4.4 μg/kg 对二甲苯：3.5 μg/kg		
邻二甲苯	《土壤和沉积物 挥发性有机物的测定 顶空/气相色谱法》（HJ 741—2015）	0.02 mg/kg	挥发性有机物分析 EPA 5032	外标：4.1 μg/kg
	《土壤和沉积物 挥发性有机物的测定 顶空/气相色谱-质谱法》（HJ 642—2013）	1.3 μg/kg		
	《土壤和沉积物 挥发性有机物的测定 吹扫捕集/气相色谱-质谱法》（HJ 605—2011）	1.2 μg/kg		
	《土壤和沉积物 挥发性芳香烃的测定 顶空/气相色谱法》（HJ 742—2015）	4.7 μg/kg		
硝基苯	《土壤和沉积物 半挥发性有机物的测定 气相色谱-质谱法》（HJ 834—2017）	0.09 mg/kg	GC-MS 测定半挥发性有机物（EPA method 8270D）	0.4 μg/kg
苯胺	《土壤和沉积物 半挥发性有机物的测定 气相色谱-质谱法》（HJ 834—2017）	2.0 μg/kg		
2-氯酚	《土壤和沉积物 半挥发性有机物的测定 气相色谱-质谱法》（HJ 834—2017）	0.06 mg/kg		
	《土壤和沉积物 酚类化合物的测定 气相色谱法》（HJ 703—2014）	0.04 mg/kg		
苯并[*a*]蒽	《土壤和沉积物 半挥发性有机物的测定 气相色谱-质谱法》（HJ 834—2017）	0.1 mg/kg		

续表

监测项目	国内方法	检出限	USEPA 方法	检出限
苯并[*a*]蒽	《土壤和沉积物 多环芳烃的测定 气相色谱-质谱法》（HJ 805—2016）	0.32 μg/kg		
	《土壤和沉积物 多环芳烃的测定 高效液相色谱法》（HJ 784—2016）	0.3 μg/kg		
苯并[*a*]芘	《土壤和沉积物 半挥发性有机物的测定 气相色谱-质谱法》（HJ 834—2017）	0.1 mg/kg		
	《土壤和沉积物 多环芳烃的测定 气相色谱-质谱法》（HJ 805—2016）	0.17 μg/kg		
	《土壤和沉积物 多环芳烃的测定 高效液相色谱法》（HJ 784—2016）	0.4 μg/kg		
苯并[*b*]荧蒽	《土壤和沉积物 半挥发性有机物的测定 气相色谱-质谱法》（HJ 834—2017）	0.2 mg/kg		
	《土壤和沉积物 多环芳烃的测定 气相色谱-质谱法》（HJ 805—2016）	0.26 μg/kg		
	《土壤和沉积物 多环芳烃的测定 高效液相色谱法》（HJ 784—2016）	0.5 μg/kg		
苯并[*k*]荧蒽	《土壤和沉积物 半挥发性有机物的测定 气相色谱-质谱法》（HJ 834—2017）	0.1 mg/kg		
	《土壤和沉积物 多环芳烃的测定 气相色谱-质谱法》（HJ 805—2016）	0.19 μg/kg		
	《土壤和沉积物 多环芳烃的测定 高效液相色谱法》（HJ 784—2016）	0.4 μg/kg		
䓛	《土壤和沉积物 半挥发性有机物的测定 气相色谱-质谱法》（HJ 834—2017）	0.1 mg/kg		
	《土壤和沉积物 多环芳烃的测定 气相色谱-质谱法》（HJ 805—2016）	0.27 μg/kg		
	《土壤和沉积物 多环芳烃的测定 高效液相色谱法》（HJ 784—2016）	0.3 μg/kg		
二苯并[*a*，*h*]蒽	《土壤和沉积物 半挥发性有机物的测定 气相色谱-质谱法》（HJ 834—2017）	0.1 mg/kg		
	《土壤和沉积物 多环芳烃的测定 气相色谱-质谱法》（HJ 805—2016）	0.14 μg/kg		
	《土壤和沉积物 多环芳烃的测定 高效液相色谱法》（HJ 784—2016）	0.5 μg/kg		
茚并[1, 2, 3-*cd*]芘	《土壤和沉积物 半挥发性有机物的测定 气相色谱-质谱法》（HJ 834—2017）	0.1 mg/kg		
	《土壤和沉积物 多环芳烃的测定 气相色谱-质谱法》（HJ 805—2016）	0.14 μg/kg		
	《土壤和沉积物 多环芳烃的测定 高效液相色谱法》（HJ 784—2016）	0.5 μg/kg		

续表

监测项目	国内方法	检出限	USEPA 方法	检出限
萘	《土壤和沉积物 半挥发性有机物的测定 气相色谱-质谱法》（HJ 834—2017）	0.09 mg/kg		
	《土壤和沉积物 多环芳烃的测定 气相色谱-质谱法》（HJ 805—2016）	0.09 mg/kg		
	《土壤和沉积物 挥发性有机物的测定 吹扫捕集/气相色谱-质谱法》（HJ 605—2011）	0.4 μg/kg		
	《土壤和沉积物 挥发性有机物的测定 顶空/气相色谱法》（HJ 741—2015）	0.007 mg/kg		
锑	《土壤和沉积物 汞、砷、硒、铋、锑的测定 微波消解/原子荧光法》（HJ 680—2013）	0.01 mg/kg	电感耦合等离子体发射光谱法 EPA6010C:2007	3.75 mg/kg
	《土壤和沉积物 12 种金属元素的测定 王水提取-电感耦合等离子体质谱法》（HJ 803—2016）	电热板消解法：0.3 mg/kg 微波消解法：0.08 mg/kg	硝酸消解 EPA3050B：1996	3.75 mg/kg
铍	《土壤和沉积物 铍的测定 石墨炉原子吸收分光光度法》（HJ 737—2015）	0.03 mg/kg	电感耦合等离子体发射光谱法 EPA6010C：2007	0.375 mg/kg
钴	《土壤和沉积物 12 种金属元素的测定 王水提取-电感耦合等离子体质谱法》（HJ 803—2016）	电热板消解法：0.03 mg/kg 微波消解法：0.04 mg/kg	电感耦合等离子体发射光谱法 EPA6010C：2007	0.625 mg/kg
	《土壤和沉积物 无机元素的测定 波长色散 X 射线荧光光谱法》（HJ 780—2015）	1.6 mg/kg	硝酸消解 EPA3050B：1996	0.625 mg/kg
钒	《土壤和沉积物 12 种金属元素的测定 王水提取-电感耦合等离子体质谱法》（HJ 803—2016）	电热板消解法：0.7 mg/kg 微波消解法：0.4 mg/kg	电感耦合等离子体发射光谱法 EPA6010C：2007	0.5 mg/kg
	《土壤和沉积物 无机元素的测定 波长色散 X 射线荧光光谱法》（HJ 780—2015）	4.0 mg/kg	硝酸消解 EPA3050B：1996	0.5 mg/kg
氰化物	《土壤 氰化物和总氰化物的测定 分光光度法》（HJ 745—2015）	异烟酸-巴比妥酸分光光度法：0.01 mg/kg 异烟酸-吡唑啉酮分光光度法：0.04 mg/kg		
石油烃（C_{10}～C_{40}）	《土壤和沉积物 石油烃（C_{10}～C_{40}）的测定 气相色谱法》（HJ 1021—2019）	6.0 mg/kg		
氟化物	《土壤质量 氟化物的测定 离子选择电极法》（GB/T 22104—2008）	0.5 mg/kg		
	《危险废物鉴别标准 浸出毒性鉴别》（GB 5085.3—2007）	0.3 mg/kg		

注：USEPA 表示美国国家环境保护局（U.S. Environmental Protection Agency）。

附录L　地下水主要监测项目及分析方法

监测项目	国内方法	检出限	USEPA 方法	检出限
砷	《水质 65 种元素的测定 电感耦合等离子体质谱法》（HJ 700—2014）	0.2 μg/L	电感耦合等离子体质谱法 EPA6020	0.06 mg/L
	《水质 32 种元素的测定 电感耦合等离子体发射光谱法》（HJ 776—2015）	0.2 mg/L	电感耦合等离子体发射光谱法 EPA6010C：2007	35 μg/L
	《水质 汞、砷、硒、铋和锑的测定 原子荧光法》（HJ 694—2014）	0.3 μg/L	石墨炉原子吸收法 EPA7010	1.0 μg/L
	《水质 痕量砷的测定 硼氢化钾-硝酸银分光光度法》（GB/T 11900—1989）	0.0004 mg/L		
	《水质 总砷的测定 二乙基二硫代氨基甲酸银分光光度法》（GB/T 7485—1987）	0.007 mg/L		
	《水和废水监测分析方法》（第四版），中国环境科学出版社，2002 年	氢化物发生原子吸收法：0.002 mg/L 等离子发射光谱法：0.1 mg/L 原子荧光法：0.5 μg/L		
钴	《水质 65 种元素的测定 电感耦合等离子体质谱法》（HJ 700—2014）	0.03 μg/L	电感耦合等离子体发射光谱法 EPA6010C：2007	4.7 μg/L
			石墨炉原子吸收法 EPA7010	1.0 μg/L
	《水质 32 种元素的测定 电感耦合等离子体发射光谱法》（HJ 776—2015）	水平：0.02 mg/L 垂直：0.01 mg/L	火焰原子吸收法 EPA7000B	0.0 g/L
			电感耦合等离子体质谱法 EPA6020	0.002 mg/L
铍	《水质 65 种元素的测定 电感耦合等离子体质谱法》（HJ 700—2014）	0.04 μg/L	电感耦合等离子体发射光谱法 EPA6010C：2007	0.18 μg/L
			石墨炉原子吸收法 EPA7010	0.2 μg/L
	《水质 32 种元素的测定 电感耦合等离子体发射光谱法》（HJ 776—2015）	水平：0.008 mg/L 垂直：0.01 mg/L	火焰原子吸收法 EPA7000B	0.005 mg/L
			电感耦合等离子体质谱法 EPA6020	0.02 mg/L
	《水质 铍的测定 石墨炉原子吸收分光光度法》（HJ/T 59—2000）	0.02 μg/L		

续表

监测项目	国内方法	检出限	USEPA 方法	检出限
铍	《水质 铍的测定 铬菁 R 分光光度法》（HJ/T 58—2000）	0.2 μg/L		
	《水和废水监测分析方法》（第四版），中国环境科学出版社，2002 年	0.02 μg/L		
锑	《水质 65 种元素的测定 电感耦合等离子体质谱法》（HJ 700—2014）	0.2 μg/L	电感耦合等离子体发射光谱法 EPA6010C：2007	21.0 μg/L
			石墨炉原子吸收法 EPA7010	3.0 μg/L
	《水质 32 种元素的测定 电感耦合等离子体发射光谱法》（HJ 776—2015）	水平：0.2 mg/L 垂直：0.06 mg/L	火焰原子吸收法 EPA7000B	0.2 mg/L
	《水质 汞、砷、硒、铋和锑的测定 原子荧光法》（HJ 694—2014）	0.2 μg/L	电感耦合等离子体质谱法 EPA6020	0.003 mg/L
镉	《水质 65 种元素的测定 电感耦合等离子体质谱法》（HJ 700—2014）	0.05 μg/L	电感耦合等离子体发射光谱法 EPA6010C：2007	2.3 μg/L
			石墨炉原子吸收法 EPA7010	0.1 μg/L
	《水质 32 种元素的测定 电感耦合等离子体发射光谱法》（HJ 776—2015）	水平：0.05 mg/L 垂直：0.005 mg/L	火焰原子吸收法 EPA7000B	0.005 mg/L
			电感耦合等离子体质谱法 EPA6020	0.002 mg/L
	《水质 铜、锌、铅、镉的测定 原子吸收分光光度法》（GB/T 7475—1987）	直接法：0.05 mg/L 螯合萃取法：1.0 μg/L		
	《水质 镉的测定 双硫腙分光光度法》（GB/T 7471—1987）	1.0 μg/L		
	《水和废水监测分析方法》（第四版），中国环境科学出版社，2002 年	石墨炉原子吸收法：0.1 μg/L 阳极溶出伏安法：0.5 μg/L 示波极谱法：10^{-6} mol/L 等离子发射光谱法：0.006 mg/L		
钒	《水质 65 种元素的测定 电感耦合等离子体质谱法》（HJ 700—2014）	0.08 μg/L	电感耦合等离子体发射光谱法 EPA6010C：2007	5.0 μg/L
			石墨炉原子吸收法 EPA7010	4.0 μg/L
	《水质 32 种元素的测定 电感耦合等离子体发射光谱法》（HJ 776—2015）	水平：0.01 mg/L 垂直：0.01 mg/L	火焰原子吸收法 EPA7000B	0.2 mg/L
			电感耦合等离子体质谱法 EPA6020	0.03 mg/L

续表

<table>
<tr><th>监测项目</th><th>国内方法</th><th>检出限</th><th>USEPA 方法</th><th>检出限</th></tr>
<tr><td rowspan="7">六价铬</td><td rowspan="2">《水质 65 种元素的测定 电感耦合等离子体质谱法》（HJ 700—2014）</td><td rowspan="2">0.2 μg/L</td><td>比色法
EPA7196A：1992</td><td>0.5-50.0 mg/L</td></tr>
<tr><td>电感耦合等离子体质谱法
EPA6020</td><td>0.1 mg/L</td></tr>
<tr><td>《水质 32 种元素的测定 电感耦合等离子体发射光谱法》（HJ 776—2015）</td><td>垂直：0.03 mg/L
水平：0.03 mg/L</td><td>电感耦合等离子体发射光谱法 EPA6010C：2007</td><td>4.7 μg/L</td></tr>
<tr><td>《生活饮用水标准检验方法 金属指标》（GB/T 5750.6—2006）</td><td>0.004 mg/L</td><td></td><td></td></tr>
<tr><td rowspan="2">《水质 六价铬的测定 二苯碳酰二肼分光光度法》（GB/T 7467—1987）</td><td rowspan="2">0.004 mg/L</td><td>火焰原子吸收法 EPA7000B</td><td>0.05 mg/L</td></tr>
<tr><td>石墨炉原子吸收法
EPA7010</td><td>1.0 μg/L</td></tr>
<tr style="display:none"><td></td><td></td><td></td><td></td></tr>
<tr><td rowspan="8">铜</td><td rowspan="2">《水质 65 种元素的测定 电感耦合等离子体质谱法》（HJ 700—2014）</td><td rowspan="2">0.08 μg/L</td><td>电感耦合等离子体发射光谱法 EPA6010C：2007</td><td>3.6 μg/L</td></tr>
<tr><td>石墨炉原子吸收法
EPA7010</td><td>1.0 μg/L</td></tr>
<tr><td rowspan="2">《水质 32 种元素的测定 电感耦合等离子体发射光谱法》（HJ 776—2015）</td><td rowspan="2">水平：0.04 mg/L
垂直：0.006 mg/L</td><td>火焰原子吸收法 EPA7000B</td><td>0.02 mg/L</td></tr>
<tr><td>电感耦合等离子体质谱法
EPA6020</td><td>0.005 mg/L</td></tr>
<tr><td>《水质 铜、锌、铅、镉的测定 原子吸收分光光度法》（GB/T 7475—1987）</td><td>直接法：0.05 mg/L
螯合萃取法：
1.0 μg/L</td><td></td><td></td></tr>
<tr><td>《水质 铜的测定 2, 9-二甲基-1, 10-菲啰啉分光光度法》（GB/T 7473—1987）</td><td>0.02 mg/L</td><td></td><td></td></tr>
<tr><td>《水质 铜的测定 二乙基二硫代氨基甲酸钠分光光度法》（GB/T 7474—2009）</td><td>0.01 mg/L</td><td></td><td></td></tr>
<tr><td>《水和废水监测分析方法》（第四版），中国环境科学出版社，2002 年</td><td>石墨炉原子吸收法：1.0 μg/L
在线富集流动注射-火焰原子吸收法：2.0 μg/L
阳极溶出伏安法：0.5 μg/L
示波极谱法：10^{-6} mol/L
等离子发射光谱法：0.02 mg/L</td><td></td><td></td></tr>
<tr><td rowspan="2">铅</td><td rowspan="2">《水质 65 种元素的测定 电感耦合等离子体质谱法》（HJ 700—2014）</td><td rowspan="2">0.09 μg/L</td><td>电感耦合等离子体发射光谱法 EPA6010C：2007</td><td>28.0 μg/L</td></tr>
<tr><td>石墨炉原子吸收法
EPA7010</td><td>1.0 μg/L</td></tr>
</table>

续表

监测项目	国内方法	检出限	USEPA 方法	检出限
铅	《水质 32 种元素的测定 电感耦合等离子体发射光谱法》（HJ 776—2015）	水平：0.1 mg/L 垂直：0.07 mg/L	火焰原子吸收法 EPA7000B	0.1 mg/L
			电感耦合等离子体质谱法 EPA6020	0.001 mg/L
	《水质 铜、锌、铅、镉的测定 原子吸收分光光度法》（GB/T 7475—1987）	直接法：0.2 mg/L 螯合萃取法：10.0 μg/L		
	《水质 铅的测定 双硫腙分光光度法》（GB/T 7470—1987）	0.01 mg/L		
	《水质 铅的测定 示波极谱法》（GB/T 13896—1992）	0.02 mg/L		
	《水和废水监测分析方法》（第四版），中国环境科学出版社，2002 年	石墨炉原子吸收法：1.0 μg/L 阳极溶出伏安法：0.5 mg/L 等离子发射光谱法 0.05 mg/L		
汞	《水质 汞、砷、硒、铋和锑的测定 原子荧光法》（HJ 694—2014）	0.04 μg/L	热分解齐化原子吸收光度法 USEPA7473—2007	0.01 ng 总汞
			电感耦合等离子体发射光谱法 EPA6010C：2007	17.0 μg/L
	《水质 总汞的测定 冷原子吸收分光光度法》（HJ 597—2011）	0.01 μg/L		
	《水和废水监测分析方法》（第四版），中国环境科学出版社，2002 年，原子荧光法	0.01 μg/L		
	《水质 总汞的测定 高锰酸钾-过硫酸钾消解法 双硫腙分光光度法》（GB/T 7469—1987）	2.0 μg/L		
镍	《水质 65 种元素的测定 电感耦合等离子体质谱法》（HJ 700—2014）	0.06 μg/L	电感耦合等离子体发射光谱法 EPA6010C：2007	10.0 μg/L
			石墨炉原子吸收法 EPA7010	1.0 μg/L
	《水质 32 种元素的测定 电感耦合等离子体发射光谱法》（HJ 776—2015）	水平：0.007 mg/L 垂直：0.02 mg/L	火焰原子吸收法 EPA7000B	0.04 mg/L
			电感耦合等离子体质谱法 EPA6020	0.007 mg/L
	《水质 镍的测定 火焰原子吸收分光光度法》（GB/T 11912—1989）	0.05 mg/L		
	《水质 镍的测定 丁二酮肟分光光度法》（GB/T 11910—1989）	0.25 mg/L		
	《水和废水监测分析方法》（第四版），中国环境科学出版社，2002 年 ，等离子发射光谱法	0.01 mg/L		

续表

监测项目	国内方法	检出限	USEPA 方法	检出限
锌	《水质 65 种元素的测定 电感耦合等离子体质谱法》（HJ 700—2014）	0.7 μg/L	电感耦合等离子体发射光谱法 EPA6010C：2007	1.2 μg/L
			石墨炉原子吸收法 EPA7010	0.05 μg/L
	《水质 32 种元素的测定 电感耦合等离子体发射光谱法》（HJ 776—2015）	水平：0.009 mg/L 垂直：0.004 mg/L	火焰原子吸收法 EPA7000B	0.005 mg/L
			电感耦合等离子体质谱法 EPA6020	0.015 mg/L
	《水质 铜、锌、铅、镉的测定 原子吸收分光光度法》（GB/T 7475—1987）	0.02 mg/L		
	《水质 锌的测定 双硫腙分光光度法》（GB/T 7472—1987）	0.005 mg/L		
	《水和废水监测分析方法》（第四版），中国环境科学出版社，2002 年	在线富集流动注射-火焰原子吸收法：2.0 μg/L 阳极溶出伏安法：0.5 μg/L 示波极谱法：10^{-6} mol/L 等离子发射光谱法：0.006 mg/L		
四氯化碳	《水质 挥发性有机物的测定 吹扫捕集/气相色谱-质谱法》（HJ 639—2012）	全扫描：1.5 μg/L 选择离子扫描（selective ion scanning, SIM）：0.4 μg/L	挥发性有机物分析 EPA 5032	外标：1.5 μg/L
	《水质 挥发性有机物的测定 顶空/气相色谱-质谱法》（HJ 810—2016）	全扫描：3.0 μg/L SIM：0.8 μg/L		
四氯乙烯	《水质 挥发性有机物的测定 吹扫捕集/气相色谱-质谱法》（HJ 639—2012）	全扫描：1.2 μg/L SIM：0. 2μg/L	挥发性有机物分析 EPA 5032	外标：1.8 μg/L
	《水质 挥发性有机物的测定 顶空/气相色谱-质谱法》（HJ 810—2016）	全扫描：3.0 μg/L SIM：0.8 μg/L		
1, 1, 1-三氯乙烷	《水质 挥发性有机物的测定 吹扫捕集/气相色谱-质谱法》（HJ 639—2012）	全扫描：1.4 μg/L SIM：0.4 μg/L	挥发性有机物分析 EPA 5032	外标：1.6 μg/L
	《水质 挥发性有机物的测定 顶空/气相色谱-质谱法》（HJ 810—2016）	全扫描：3.0 μg/L SIM：0.8 μg/L		
1, 1, 2-三氯乙烷	《水质 挥发性有机物的测定 吹扫捕集/气相色谱-质谱法》（HJ 639—2012）	全扫描：1.5 μg/L SIM：0.4 μg/L	挥发性有机物分析 EPA 5032	外标：2.7 μg/L

续表

监测项目	国内方法	检出限	USEPA 方法	检出限
1, 1, 2-三氯乙烷	《水质 挥发性有机物的测定 顶空/气相色谱-质谱法》（HJ 810—2016）	全扫描：5.0 μg/L SIM：0.9 μg/L		
三氯乙烯	《水质 挥发性有机物的测定 吹扫捕集/气相色谱-质谱法》（HJ 639—2012）	全扫描：1.2 μg/L SIM：0. 4μg/L	挥发性有机物分析 EPA 5032	外标：2.5 μg/L
	《水质 挥发性有机物的测定 顶空/气相色谱-质谱法》（HJ 810—2016）	全扫描：6.0 μg/L SIM：0.8 μg/L		
氯仿	《水质 挥发性有机物的测定 吹扫捕集/气相色谱-质谱法》（HJ 639—2012）	全扫描：1.4 μg/L SIM：0.4 μg/L	挥发性有机物分析 EPA 5032	外标：2.7 μg/L
	《水质 挥发性有机物的测定 顶空/气相色谱-质谱法》（HJ 810—2016）	全扫描：3.0 μg/L SIM：1.1 μg/L		
氯苯	《水质 挥发性有机物的测定 吹扫捕集/气相色谱-质谱法》（HJ 639—2012）	全扫描：1.0 μg/L SIM：0.2 μg/L	挥发性有机物分析 EPA5032	外标：2.4 μg/L
	《水质 挥发性有机物的测定 顶空/气相色谱-质谱法》（HJ 810—2016）	全扫描：4.0 μg/L SIM：1.0 μg/L		
苯	《水质 挥发性有机物的测定 吹扫捕集/气相色谱-质谱法》（HJ 639—2012）	全扫描：1.4 μg/L SIM：0.4 μg/L	挥发性有机物分析 EPA5032	外标：1.7 μg/L
	《水质 挥发性有机物的测定 顶空/气相色谱-质谱法》（HJ 810—2016）	全扫描：3.0 μg/L SIM：0.8 μg/L		
1, 2, 3-三氯丙烷	《水质 挥发性有机物的测定 吹扫捕集/气相色谱-质谱法》（HJ 639—2012）	全扫描：1.2 μg/L SIM：0.2 μg/L		
	《水质 挥发性有机物的测定 顶空/气相色谱-质谱法》（HJ 810—2016）	全扫描：8.0 μg/L SIM：0.6 μg/L		
1, 2-二氯苯	《水质 挥发性有机物的测定 吹扫捕集/气相色谱-质谱法》（HJ 639—2012）	全扫描：0.8 μg/L SIM：0.4 μg/L	EPA 8270D 气相色谱质谱法分析半挥发性有机物	10.0 μg/L
	《水质 挥发性有机物的测定 顶空/气相色谱-质谱法》（HJ 810—2016）	全扫描：3.0 μg/L SIM：0.9 μg/L		
1, 4-二氯苯	《水质 挥发性有机物的测定 吹扫捕集/气相色谱-质谱法》（HJ 639—2012）	全扫描：0.8 μg/L SIM：0.4 μg/L	EPA 8270D 气相色谱质谱法分析半挥发性有机物	10.0 μg/L
	《水质 挥发性有机物的测定 顶空/气相色谱-质谱法》（HJ 810—2016）	全扫描：5.0 μg/L SIM：0.8 μg/L		

续表

监测项目	国内方法	检出限	USEPA 方法	检出限
1, 1-二氯乙烷	《水质 挥发性有机物的测定 吹扫捕集/气相色谱-质谱法》（HJ 639—2012）	全扫描：1.2 μg/L SIM：0.4 μg/L	挥发性有机物分析 EPA5032	外标：2.3 μg/L
	《水质 挥发性有机物的测定 顶空/气相色谱-质谱法》（HJ 810—2016）	全扫描：5.0 μg/L SIM：0.7 μg/L		
硝基苯	《水质 硝基苯类化合物的测定 气相色谱-质谱法》（HJ 716—2014）	0.04 μg/L	EPA 8270D 气相色谱质谱法分析半挥发性有机物	10.0 μg/L
邻二甲苯	《水质 挥发性有机物的测定 吹扫捕集/气相色谱-质谱法》（HJ 639—2012）	全扫描：1.4 μg/L SIM：0.2 μg/L	挥发性有机物分析 EPA5032	外标：2.4 μg/L
	《水质 挥发性有机物的测定 顶空/气相色谱-质谱法》（HJ 810—2016）	全扫描：4 μg/L SIM：0.8 μg/L		
1, 2-二氯乙烷	《水质 挥发性有机物的测定 吹扫捕集/气相色谱-质谱法》（HJ 639—2012）	全扫描：1.4 μg/L SIM：0.4 μg/L	挥发性有机物分析 EPA5032	外标：1.6 μg/L
	《水质 挥发性有机物的测定 顶空/气相色谱-质谱法》（HJ 810—2016）	全扫描：4 μg/L SIM：0.8 μg/L		
间二甲苯+对二甲苯	《水质 挥发性有机物的测定 吹扫捕集/气相色谱-质谱法》（HJ 639—2012）	全扫描：2.2 μg/L SIM：0.5 μg/L	挥发性有机物分析 EPA5032	外标：2.3 μg/L
	《水质 挥发性有机物的测定 顶空/气相色谱-质谱法》（HJ 810—2016）	全扫描：8.0 μg/L SIM：0.7 μg/L		
甲苯	《水质 挥发性有机物的测定 吹扫捕集/气相色谱-质谱法》（HJ 639—2012）	全扫描：1.4 μg/L SIM：0.3 μg/L	挥发性有机物分析 EPA5032	外标：1.8 μg/L
	《水质 挥发性有机物的测定 顶空/气相色谱-质谱法》（HJ 810—2016）	全扫描：3.0 μg/L SIM：1.0 μg/L		
乙苯	《水质 挥发性有机物的测定 吹扫捕集/气相色谱-质谱法》（HJ 639—2012）	全扫描：0.8 μg/L SIM：0.3 μg/L	挥发性有机物分析 EPA 5032	外标：2.4 μg/L
	《水质 挥发性有机物的测定 顶空/气相色谱-质谱法》（HJ 810—2016）	全扫描：4.0 μg/L SIM：1.0 μg/L		
苯乙烯	《水质 挥发性有机物的测定 吹扫捕集/气相色谱-质谱法》（HJ 639—2012）	全扫描：0.6 μg/L SIM：0.2 μg/L	挥发性有机物分析 EPA 5032	外标：2.0 μg/L

续表

监测项目	国内方法	检出限	USEPA 方法	检出限
苯乙烯	《水质 挥发性有机物的测定 顶空/气相色谱-质谱法》（HJ 810—2016）	全扫描：5.0 μg/L SIM：0.8 μg/L		
1, 1-二氯乙烯	《水质 挥发性有机物的测定 吹扫捕集/气相色谱-质谱法》（HJ 639—2012）	全扫描：1.2 μg/L SIM：0.4 μg/L	挥发性有机物分析 EPA 5032	外标：3.4 μg/L
	《水质 挥发性有机物的测定 顶空/气相色谱-质谱法》（HJ 810—2016）	全扫描：6.0 μg/L SIM：1.3 μg/L		
顺-1, 2-二氯乙烯	《水质 挥发性有机物的测定 吹扫捕集/气相色谱-质谱法》（HJ 639—2012）	全扫描：1.2 μg/L SIM：0.4 μg/L	挥发性有机物分析 EPA 5032	外标：2.4 μg/L
	《水质 挥发性有机物的测定 顶空/气相色谱-质谱法》（HJ 810—2016）	全扫描：3.0 μg/L SIM：0.5 μg/L		
反-1, 2-二氯乙烯	《水质 挥发性有机物的测定 吹扫捕集/气相色谱-质谱法》（HJ 639—2012）	全扫描：1.1 μg/L SIM：0.3 μg/L	挥发性有机物分析 EPA 5032	外标：3.0 μg/L
	《水质 挥发性有机物的测定 顶空/气相色谱-质谱法》（HJ 810—2016）	全扫描：4.0 μg/L SIM：0.6 μg/L		
二氯甲烷	《水质 挥发性有机物的测定 吹扫捕集/气相色谱-质谱法》（HJ 639—2012）	全扫描：1.0 μg/L SIM：0.5 μg/L	挥发性有机物分析 EPA 5032	外标：3.1 μg/L
	《水质 挥发性有机物的测定 顶空/气相色谱-质谱法》（HJ 810—2016）	全扫描：7.0 μg/L SIM：0.6 μg/L		
1, 2-二氯丙烷	《水质 挥发性有机物的测定 吹扫捕集/气相色谱-质谱法》（HJ 639—2012）	全扫描：1.2 μg/L SIM：0.4 μg/L	挥发性有机物分析 EPA 5032	外标：2.9 μg/L
	《水质 挥发性有机物的测定 顶空/气相色谱-质谱法》（HJ 810—2016）	全扫描：5.0 μg/L SIM：0.8 μg/L		
1, 1, 2, 2-四氯乙烷	《水质 挥发性有机物的测定 吹扫捕集/气相色谱-质谱法》（HJ 639—2012）	全扫描：1.1 μg/L SIM：0.4 μg/L	挥发性有机物分析 EPA 5032	外标：3.6 μg/L
	《水质 挥发性有机物的测定 顶空/气相色谱-质谱法》（HJ 810—2016）	全扫描：7.0 μg/L SIM：0.9 μg/L		
1, 1, 1, 2-四氯乙烷	《水质 挥发性有机物的测定 吹扫捕集/气相色谱-质谱法》（HJ 639—2012）	全扫描：1.5 μg/L SIM：0.3 μg/L		

续表

监测项目	国内方法	检出限	USEPA 方法	检出限
1, 1, 1, 2-四氯乙烷	《水质 挥发性有机物的测定 顶空/气相色谱-质谱法》（HJ 810—2016）	全扫描：6.0 μg/L SIM：0.6 μg/L		
萘	《水质 挥发性有机物的测定 吹扫捕集/气相色谱-质谱法》（HJ 639—2012）	全扫描：1.0 μg/L SIM：0.4 μg/L	EPA 8270D 气相色谱质谱法分析半挥发性有机物	10.0 μg/L
	《水质 多环芳烃的测定 液液萃取和固相萃取高效液相色谱法》（HJ 478—2009）	0.012 μg/L		
	《水质 挥发性有机物的测定 顶空/气相色谱-质谱法》（HJ 810—2016）	全扫描：8.0 μg/L SIM：0.6 μg/L		
䓛	《水质 多环芳烃的测定 液液萃取和固相萃取高效液相色谱法》（HJ 478—2009）	0.008 μg/L		
茚并[1, 2, 3-*cd*]芘	《水质 多环芳烃的测定 液液萃取和固相萃取高效液相色谱法》（HJ 478—2009）	0.005 μg/L		
二苯并[*a*，*h*]蒽	《水质 多环芳烃的测定 液液萃取和固相萃取高效液相色谱法》（HJ 478—2009）	0.003 μg/L		
苯并[*a*]蒽	《水质 多环芳烃的测定 液液萃取和固相萃取高效液相色谱法》（HJ 478—2009）	0.012 μg/L		
苯并[*a*]芘	《水质 多环芳烃的测定 液液萃取和固相萃取高效液相色谱法》（HJ 478—2009）	0.004 μg/L		
苯并[*b*]荧蒽	《水质 多环芳烃的测定 气相色谱质谱法》（征求意见稿）	3.6 ng/L	EPA 8270D 气相色谱质谱法分析半挥发性有机物	10.0 μg/L
	《水质 多环芳烃的测定 液液萃取和固相萃取高效液相色谱法》（HJ 478—2009）	0.004 μg/L		
苯并[*k*]荧蒽	《水质 多环芳烃的测定 液液萃取和固相萃取高效液相色谱法》（HJ 478—2009）	0.004 μg/L		
高锰酸盐指数	《水质 高锰酸盐指数的测定》（GB/T 11892—1989）	酸性高锰酸钾氧化法：0.5 mg/L 碱性高锰酸钾氧化法：0.5 mg/L		
	《水和废水监测分析方法》（第四版），中国环境科学出版社，2002 年， 流动注射连续测定法	0.5 mg/L		

续表

监测项目	国内方法	检出限	USEPA 方法	检出限
石油烃 (C_{10}～C_{40})	《水质 可萃取性石油烃（C_{10}～C_{40}）的测定 气相色谱法》（HJ 894—2017）	0.01 mg/L		
	《水质 石油类和动植物油的测定 红外光度法》（HJ 637—2018）	0.06 mg/L		
硫酸盐	《水质 无机阴离子的测定 离子色谱法》（HJ 84—2016）	0.018 mg/L		
	《水质 硫酸盐的测定 铬酸钡分光光度法（试行）》（HJ/T 342—2007）	8.0～200.0 mg/L		
	《水质 硫酸盐的测定 重量法》（GB/T 11899—1989）	10.0 mg/L		
	《水和废水监测分析方法》（第四版），中国环境科学出版社，2002 年	铬酸钡光度法：1.0 mg/L 离子色谱法：0.1 mg/L		
氟化物	《水质 氰化物的测定 容量法和分光光度法》（HJ 484—2009）	异烟酸吡唑啉酮分光光度法 0.004 mg/L		
	《水质 氟化物的测定 离子选择电极法》（GB 7484—1987）	0.05 mg/L		
	《水质 氟化物的测定 氟试剂分光光度法》（HJ 488—2009）	0.02 mg/L		
	《水质 氟化物的测定 茜素磺酸锆目视比色法》（HJ487—2009）	0.1 mg/L		
	《水和废水监测分析方法》（第四版），中国环境科学出版社，2002 年，离子色谱法	0.02 mg/L		
	《水质 无机阴离子的测定 离子色谱法》（HJ 84—2016）	0.006 mg/L		
氯化物	《水质 无机阴离子的测定 离子色谱法》（HJ 84—2016）	0.007 mg/L		
	《水质 氯化物的测定 硝酸银滴定法》（GB/T 11896—1989）	2.0 mg/L		
	《水和废水监测分析方法》（第四版），中国环境科学出版社，2002 年	电位滴定法：3.4 mg/L 离子色谱法：0.04 mg/L 离子选择电极流动注射法：0.9 mg/L		

附录 M　实验室分析测试内部质量控制记录表

附表 M-1　空白试验记录表

检测实验室（盖章）审核员：

检测日期	样品类型	样品编号	检测项目	分析方法	检出限	空白试验结果	结果评价	检测人员

附表 M-2　平行双样分析结果记录表

检测实验室（盖章）审核员：

检测日期	样品类型	实验室样品编号	检测项目	检测值 A	检测值 B	相对偏差 RD	结果评价

附表 M-3　平行双样分析合格率记录表

检测实验室（盖章）审核员：

报告日期	样品类型	检测项目	批样品数	合格样品数	合格率

附表 M-4　有证标准物质检测结果记录表

检测实验室（盖章）审核员：

检测日期	样品类型	检测项目	标准物质编号	标准值及其不确定度	保证值范围	检测结果	结果评价	检测人员

附表 M-5　准确度控制合格率记录表

检测实验室（盖章）审核员：

检测日期	控制方式	检测项目	批样品数	合格样品数	合格率

附表 M-6　加标回收率试验结果记录表

检测实验室（盖章）审核员：

检测日期	样品类型	检测项目	样品编号	加标量	检测结果		加标回收率	结果评价	检测人员
					样品	加标样品			

附录N　初步调查报告参考格式

初步调查报告编制大纲一般包含概述、地块概况、初步采样分析方案、现场采样和实验室分析、数据分析与评价、结论与建议等章节。

示例：

1 前言

2 概述

2.1 调查目的和原则

2.2 调查范围

2.3 调查依据

2.4 调查内容与方法

3 地块概况

3.1 地理位置

3.2 区域水文地质条件

3.3 地块使用历史

3.4 历史及现阶段分布企业生产情况

3.5 周边土地使用情况及环境敏感目标分布

3.6 现场踏勘和人员访谈情况

3.7 地块利用规划

3.8 资料分析

3.9 污染识别

4 初步采样分析方案

4.1 布点方案

4.2 分析检测方案

5 现场采样和实验室分析

5.1 钻探与采样

5.2 快速检测

5.3 实验室检测分析

5.4 质量保证与质量控制

6 数据分析与评价

6.1 土壤数据分析与评价

6.2 地下水数据分析与评价

7 结论与建议

7.1 结论

7.2 建议

7.3 不确定性分析

8 附件（资料收集清单、现场踏勘照片、人员访谈记录、现场钻探和快速检测记录、监测井建井记录、样品保存与运输记录、实验室报告、质量控制结果等）

附录O　详细调查报告参考格式

详细调查报告编制大纲一般包含概述、地块概况、采样分析方案、现场采样和实验室分析、数据分析与评价、结论与建议等章节。

示例：

1 前言

2 概述

2.1 调查目的和原则

2.2 调查范围

2.3 调查依据

2.4 调查内容与方法

3 地块概况

3.1 初步调查情况

3.2 补充资料的分析

4 采样分析方案

4.1 水文地质调查方案

4.2 采样布点方案

4.3 分析检测方案

5 现场采样和实验室分析

5.1 水文地质调查

5.2 钻探与采样

5.3 快速检测

5.4 实验室检测分析

5.5 质量保证与质量控制

6 数据分析与评价

6.1 水文地质分析

6.2 土壤数据分析与评价

6.3 地下水数据分析与评价

7 结论与建议

7.1 结论

7.2 建议

7.3 不确定性分析

8 附件（资料收集清单、现场踏勘照片、人员访谈记录、现场钻探和快速检测记录、监测井建井记录、样品保存与运输记录、实验室报告、质量控制结果、水文地质勘查报告等）

附录P 典 型 案 例

自20世纪90年代以来，我国城市化进程加快，人民生活质量要求逐步提高，城市土地资源日趋紧张，生态环境保护需求也日益迫切，城镇规划布局调整和工业结构转型升级已成为当前城市发展的新趋势。随着“退二进三” “退城进园”等政策的实施，以及各工业生产领域相关标准的出台，大批工矿企业厂址搬迁或被淘汰关停。在此国家发展战略背景下，大批产能落后和工艺要求不达标的小规模电镀企业被淘汰，合格的电镀企业集体迁入电镀工业园区，由此产生了大量电镀企业遗留地块。电镀属于高污染行业，不当的企业管理和粗放型生产工艺会导致大量的电镀“三废”排入环境，造成污染，这些污染物在环境中迁移、转化和富集，极易对所处地区及周边环境造成危害。企业搬迁或关停后，地块遗留的污染物依旧影响着新建项目的环境现状及其环境功能需求。各地工业污染地块环境调查工作的开展和电镀行业污染地块的调查数据逐渐增加，可用于分析地块的污染类型、污染分布及污染物迁移等规律和特点，有助于增强电镀企业土壤污染状况调查工作的科学性。

案例一：某电器厂遗留污染地块

生产历史：该电器厂于 1985 年开始从事电镀生产，镀种包括镀铬和镀锌，2014 年关停。厂区现已废弃，原生产设备大部分未拆除。

电镀生产及其工艺：该厂主营镀种为镀铬和镀锌，主要生产原辅材料包括锌块、铬酸、盐酸、添加剂等，其电镀生产工艺流程如附图 P-1 所示。

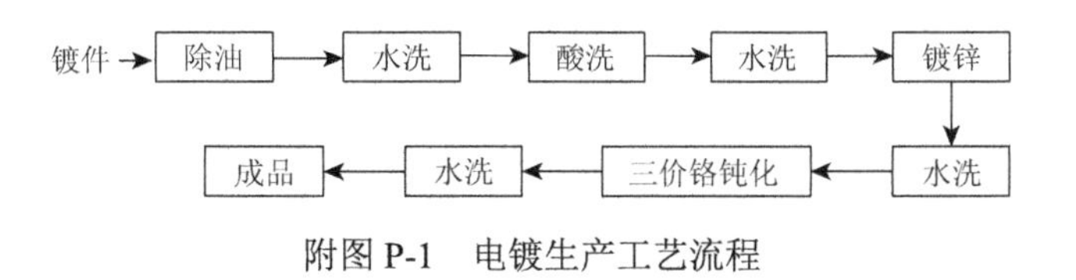

附图 P-1 电镀生产工艺流程

厂区分布：整个厂区呈正方形，边长约 50 m，其厂区及其周边卫星图像如附图 P-2 所示，红色框线为其厂区范围。厂区布置大体包括：办公楼（#8）、电镀车间（#12）、酸洗车间（#16）、锅炉房（#15）、储罐区（#14）、自建污水处理车间（#9）等。

附图 P-2　电镀厂区及其周边卫星图

疑似污染源区域采样筛选原则：①重点考虑生产环节中容易产生污染的区域，如电镀车间、酸洗车间、酸储罐车间、污水处理区等；②优先考虑地面出现裂缝、破损，或设施出现腐蚀、损坏的区域；③对于可能发生地下管路渗漏污染的区域，在有条件的情况下，可以综合考虑地下管线的布置随机进行采样。

疑似污染源分析确定：根据已有资料分析，结合地块踏勘结果，判断该厂区的热点区域如下。

（1）电镀车间：镀槽等设备未拆除，设备的金属器件存在明显锈蚀，车间内存在明显酸味，建有地上人工线，地面有部分深色积液。

（2）污水处理车间：为厂区自建地上式污水处理设施，现场可见管道布置。

（3）酸洗处理车间：酸洗设备已拆除，现场杂乱堆放多个离心机，管道垂落，现场较乱。

（4）储罐区：区域内堆有各类罐体，其上标明为稀酸。

采样布点及检测因子：在疑似污染源区域共布设土壤采样点位 7 个，采样深度 6 m；地下水采样点位 4 个，土壤及地下水采样布点如附图 P-3 所示。土壤检测因子包括 pH、六价铬、氰化物、氯化物、硫化物、氟化物、重金属（铜、锌、铅、镉、铬、镍、砷、银）、总石油烃、挥发性有机物、半挥发性有机物。地下水检测指标包括 pH、六价铬、氰化物、氯化物、硫化物、氟化物、硫酸根、硝酸盐、氟化物、重金属（铜、锌、铅、镉、铬、镍、砷、银）、总石油烃、挥发性有机物、半挥发性有机物。

附图 P-3　土壤及地下水采样布点

HD-FZ01 与 HD-FZ02 表示对厂内遗留废渣的采样编号

结果与分析：土壤调查结果表明（附图 P-4 和附表 P-1），厂区内土壤污染物以锌和 PAHs 为主，污染点位均位于酸洗车间。

（1）锌污染情况：酸洗车间地面以下 2.1 m 内土层发现锌超标情况，土壤锌浓度随深度增加而增大，并在 1.8～2.1 m 处产生污染累积效应，此处锌浓度高达 76400 mg/kg，4～5 倍高于上层污染土层。2.1 m 以下土层中锌浓度急剧下降至 3210 mg/kg。

附图 P-4　某电器厂厂区内土壤超标分布图

附表 P-1　某电器厂厂区内土壤超标土壤位点检出情况

污染超标区域（污染点位）	深度/m	污染物指标	检出浓度/(mg/kg)	标准浓度/(mg/kg)	标准出处
酸洗车间（HD-S05）	0～0.6	Zn	**16600**	10000	②
	0.6～1.2		**15700**		
	1.2～1.5		**17200**		
	1.5～1.8		**17600**		
	1.8～2.1		76400		
	2.1～2.4		3210		
	2.4～2.7		1780		
	2.7～3.0		548		
酸洗车间（HD-S04）	0～0.6	苯并[*a*]芘	**4.64**	1.5	①
	0.6～1.2	苯并[*a*]芘	**1.76**	1.5	
		二苯并[*a*, *h*]蒽	**9.45**	1.5	
	1.2～1.5	苯并[*a*]芘	0.852	1.5	
		二苯并[*a*, *h*]蒽	**7.08**	1.5	

续表

污染超标区域（污染点位）	深度/m	污染物指标	检出浓度/(mg/kg)	标准浓度/(mg/kg)	标准出处
酸洗车间（HD-S04）	1.5～1.8	苯并[a]芘	ND	1.5	①
		二苯并[a, h]蒽	ND	1.5	

注：检出浓度超出所采用标准的用加粗字体标出。

标准出处：①《土壤环境质量 建设用地土壤污染风险管控标准（试行）》（GB36600—2018）；②《场地土壤环境风险评价筛选值》（DB11/T 811—2011）。

（2）PAHs 污染情况：污染主要分布于地下 1.2 m 以上土层，整体污染水平随土壤深度增加而降低，其来源可能为加热设备的燃煤使用或其他有机物的非充分燃烧。

地下水调查结果表明（附图 P-5 和附表 P-2），厂区内地下水存在锌和有机物污染，主要为酸储罐区和酸洗车间，厂区外地下水中存在铬超标情况。

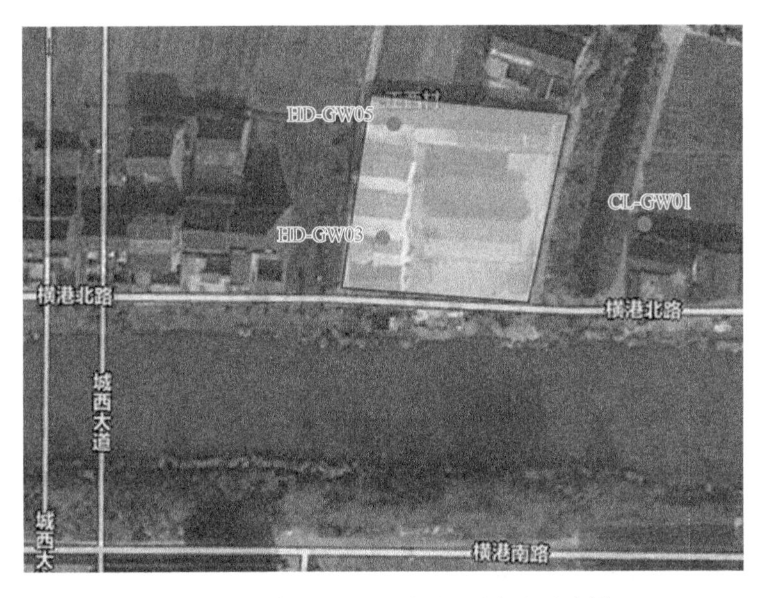

附图 P-5　某电器厂厂区内地下水超标分布图

附表 P-2　某电器厂厂区内地下水超标位点检出情况

污染超标区域（污染点位）	污染物指标	检出浓度/(mg/kg)	标准浓度/(mg/kg)
厂区外东侧 20 m 处（CL-GW01）	Cr/(mg/L)	0.145	0.1
酸储罐区（HD-GW03）	Zn/(mg/L)	1800	6
	二溴甲烷/(g/L)	26.9	8.3
	二溴氯甲烷/(g/L)	119	80

续表

污染超标区域（污染点位）	污染物指标	检出浓度/(mg/kg)	标准浓度/(mg/kg)
酸储罐区（HD-GW03）	溴仿/(g/L)	1580	80
酸洗车间（HD-GW05）	Zn/(mg/L)	275	6
	苯	197	5

（1）重金属污染情况：地下水中重金属污染因子与土壤检出污染因子和该厂电镀生产工艺具有很好的相关性。尽管厂区土壤中未发现铬超标情况，但是在厂区外地下水中发现铬浓度轻微超标，这意味着厂区内可能出现过铬污染情况，在自然衰减的作用下随水力迁移至厂区外。

（2）有机物污染情况：在酸储罐区地下水中检出高浓度溴仿及其脱溴产物，来源可能为该厂有机除油工艺中使用的溴仿。此外，酸洗车间地下水中苯超标，来源不明。

案例二：某金属涂装厂遗留污染地块

生产历史：该金属涂装厂于 2006 年 6 月开始从事电镀生产，镀种包括镀铬和镀锌，2014 年停产，此外该厂还经营电泳表面加工。

生产工艺：该厂主营镀种为镀铬和镀锌，主要生产原辅材料包括铬化钾、氰化铬、硼酸、铬酸等，其电镀生产工艺流程如附图 P-6 所示。

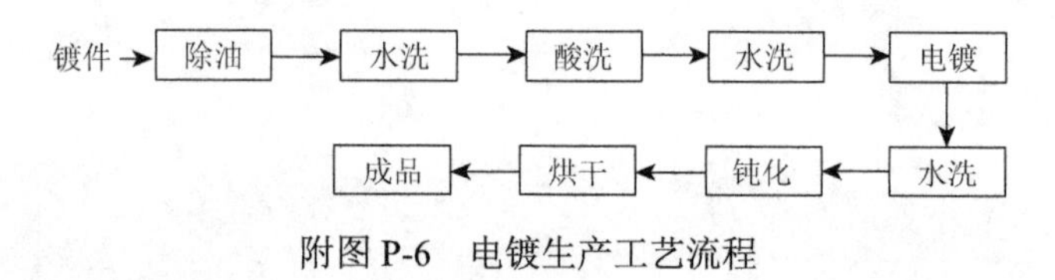

附图 P-6　电镀生产工艺流程

厂区分布：厂区及其周边卫星图像如附图 P-7 所示，厂区内建筑布局几经变更，其与电镀生产有关的主要车间和区域包括：仓库区（#6 和#13）、原电镀车间（#7、#12、#15、#14）、污水处理区（#19）、酸洗区（#16、#17）、办公区（#11）。

疑似污染源区域分析：根据已有资料结合地块踏勘结果，判断该厂区的以下疑似污染源区域可能存在污染情况。

（1）电镀车间：厂区内北侧原电镀车间（#12、#15）已拆除，现用作家具加工；原电镀车间（#14）内生产设施已基本拆除完毕，现用作临时仓库；原电镀车间（#7）内生产设备已基本拆除，残留有部分废弃物，地面破碎严重、较杂乱，有积液。

（2）酸洗区：设置有新建的酸洗槽，槽体为塑料质地，地面铺有地砖、较完整，现场有明显的刺激性酸味。

附图 P-7 某金属涂装厂及其周边卫星图像和现场情况

（3）污水处理区：污水处理设施为地上式，设计处理能力 35 t/d，截至踏勘时，设备尚未拆除。

采样布点及检测因子：根据敏感区域采样筛选原则，本案例中共布设土壤采样点位 9 个，采样深度 6 m；地下水采样点位 5 个，采样区域和现场状况如附图 P-8 所示。土壤检测指标包括 pH、六价铬、氰化物、氯化物、硫化物、氟化物、重金属（铜、锌、铅、镉、铬、镍、砷、银）、总石油烃、挥发性有机物、半挥发性有机物指标。地下水检测指标包括 pH、六价铬、氰化物、氯化物、硫化物、氟化物、硫酸根、硝酸盐、重金属（铜、锌、铅、镉、铬、镍、砷、银）、总石油烃、挥发性有机物、半挥发性有机物。

结果与分析：土壤调查结果表明（附图 P-9 和附表 P-3），厂区土壤污染以重金属铬、镍污染和 PAHs 污染为主，污染区域主要集中于电镀车间、污水处理区、酸洗区区域。

附图 P-8　土壤及地下水采样布点

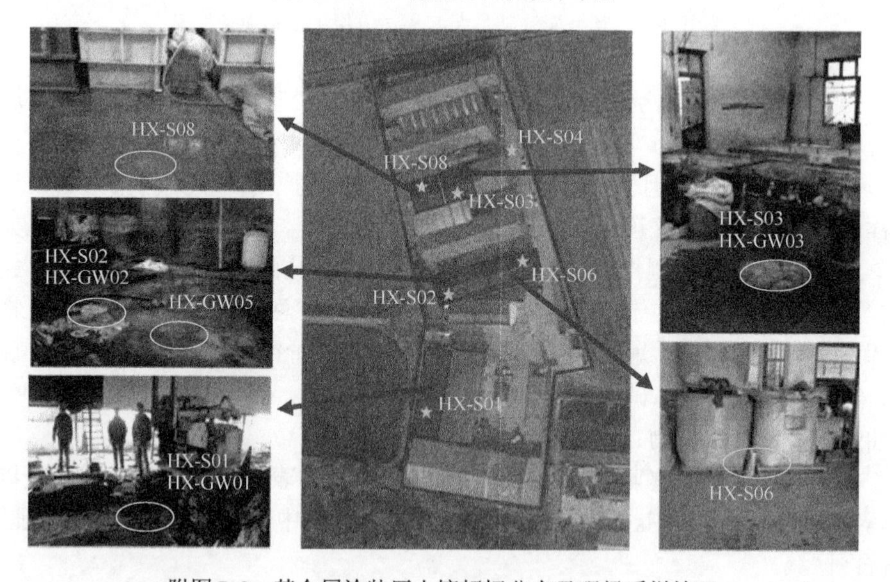

附图 P-9　某金属涂装厂土壤超标分布及现场采样情况

附表 P-3　某金属涂装厂厂区内土壤超标土壤位点检出情况

污染超标区域（污染点位）	深度/m	污染物指标	检出浓度/(mg/kg)	标准浓度/(mg/kg)	标准出处
电镀车间（#14）（HX-S02）	0～0.6	Cr	1720	2500	②
	0.6～1.2		982		
	1.2～1.5		**2680**		
	1.5～1.8		**6320**		
	1.8～2.1		**10400**		
	2.1～2.4		**11000**		
	2.4～2.7		112		
	2.7～3.0		78		
污水处理区（#19）（HX-S03）	0～0.6	Cr	214	2500	②
	0.6～1.2		79.3		
	1.2～1.5		74.6		
	1.5～1.8		70.1		
	1.8～2.1		**3510**		
	2.1～2.4		78.7		
	2.4～2.7		57.3		
	2.7～3.0		52.1		
酸洗区（#17）（HX-S05）	0～0.6	Ni	**4150**	300	①
	0.6～1.2		245		
	1.2～1.5		274		
	1.5～1.8		32.0		
电镀车间（#14）（HX-S06）	0～0.6	Ni	**3720**		
	0.6～1.2		**1950**		
	1.2～1.5		43.0		
	1.5～1.8		39.5		
酸洗区（#16）（HX-S08）	0～0.6	苯并[*a*]芘	ND	1.5	①
	0.6～1.2		**3.39**		
	1.2～1.5		ND		
	1.5～1.8		ND		

注：检出浓度超出所采用标准的用加粗字体标出。

标准出处：①《土壤环境质量 建设用地土壤污染风险管控标准（试行）》（GB 36600—2018）；②《场地土壤环境风险评价筛选值》（DB11/T 811—2011）。

（1）铬污染情况：重金属铬的污染区域位于原电镀车间（#14）和污水处理区（#19）以及紧邻镀槽位置的 1.2～2.4 m 土层，并在 1.8～2.4 m 处土层产生累积效应，表层土壤（地下 1.2 m 以上土层）和下层土壤（地下 2.4 m 以下土层）均未被污染，且表层土壤中铬浓度随土壤深度没有逐步增加的趋势，因此推断污染成因为地下管路泄漏。

（2）镍污染情况：重金属镍的污染主要集中在原电镀车间（#14）和酸洗区（#17）区域，污染发生在表层土壤（地下 1.2 m 以上土层），污染浓度随土壤深度急剧降低，推断污染成因为“跑冒滴漏”和地面腐蚀。

（3）PAHs 污染情况：仅于酸洗车间（#16）内地下 0.6～1.2 m 处土层发现苯并[*a*]芘超标情况，浓度为 3.39 mg/kg，且该区域其他土层均未检出此物质及其他 PAHs，其来源可能是填土中的少量含碳物质，如飞灰、泥炭等。

地下水调查结果表明（附图 P-10 和附表 P-4），厂区内地下水存在六价铬和镍污染，污染因子与土壤污染因子高度相关，该厂区地下水位在 0.9～1.2 m，正好位于土壤污染土层，因此判断是土壤污染物溶解导致的地下水污染。

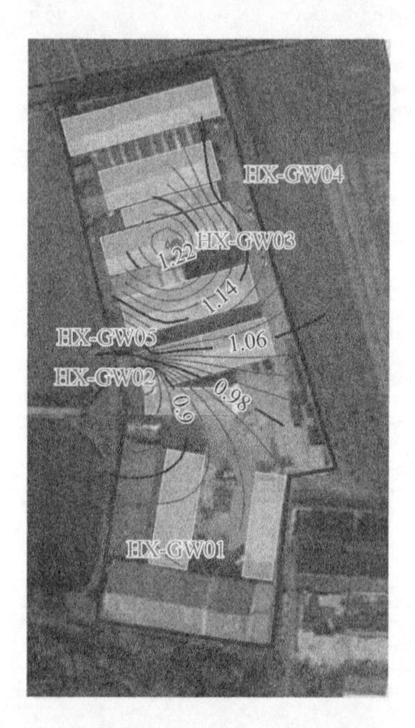

附图 P-10　某金属涂装厂地下水流向拟合示意图

附表 P-4　地下水检出超标结果

序号	检测指标	单位	检测结果			水质类别
			HX-GW02	HX-GW03	HX-GW05	
1	六价铬	mg/L	/	/	0.101	V 类
2	镍（Ni）	mg/L	/	0.105	/	V 类

注：评价标准为《地下水质量标准》（GB/T 14848—2017），V 类为不宜饮用，其他用水可根据使用目的选用。

案例三：某制造企业（涉电镀生产）遗留污染地块

生产历史：该企业于2004年开工建厂，主要从事生产销售汽车轮毂，厂区内拥有模具、铸造、加工、涂装、抛光、电镀一条龙的生产线，2013年后，该地块处于停产搬迁状态。

电镀生产工艺：电镀生产为该企业生产中的一环，主营镀种为镀锌、镀铜、镀铬、镀镍，其电镀工艺流程如附图P-11所示。

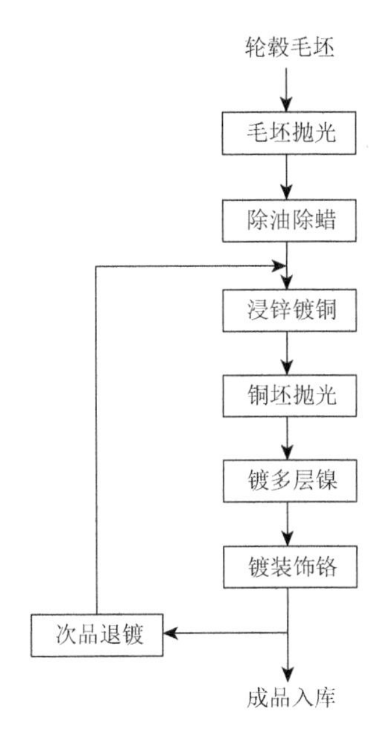

附图P-11　铝合金轮毂电镀工艺流程

厂区分布：该地块厂区卫星图像及厂区布置如附图P-12所示，厂区建筑中与电镀生产有关的区域包括仓库区、电镀车间、抛光车间、污水处理区、危废仓库等。此外，厂区内非电镀生产区域包括涂装车间、生活和办公区、装配车间、铸造车间、磨具加工区等。

疑似污染源区域分析：根据初步调查结果分析，与电镀生产相关的疑似污染源为电镀车间。车间内有未拆除的两条自动生产线，生产线周边分布有多条明沟，深度20～30 cm。地面硬化情况一般，局部可见明显缝隙或物料遗撒情况（附图P-13）。

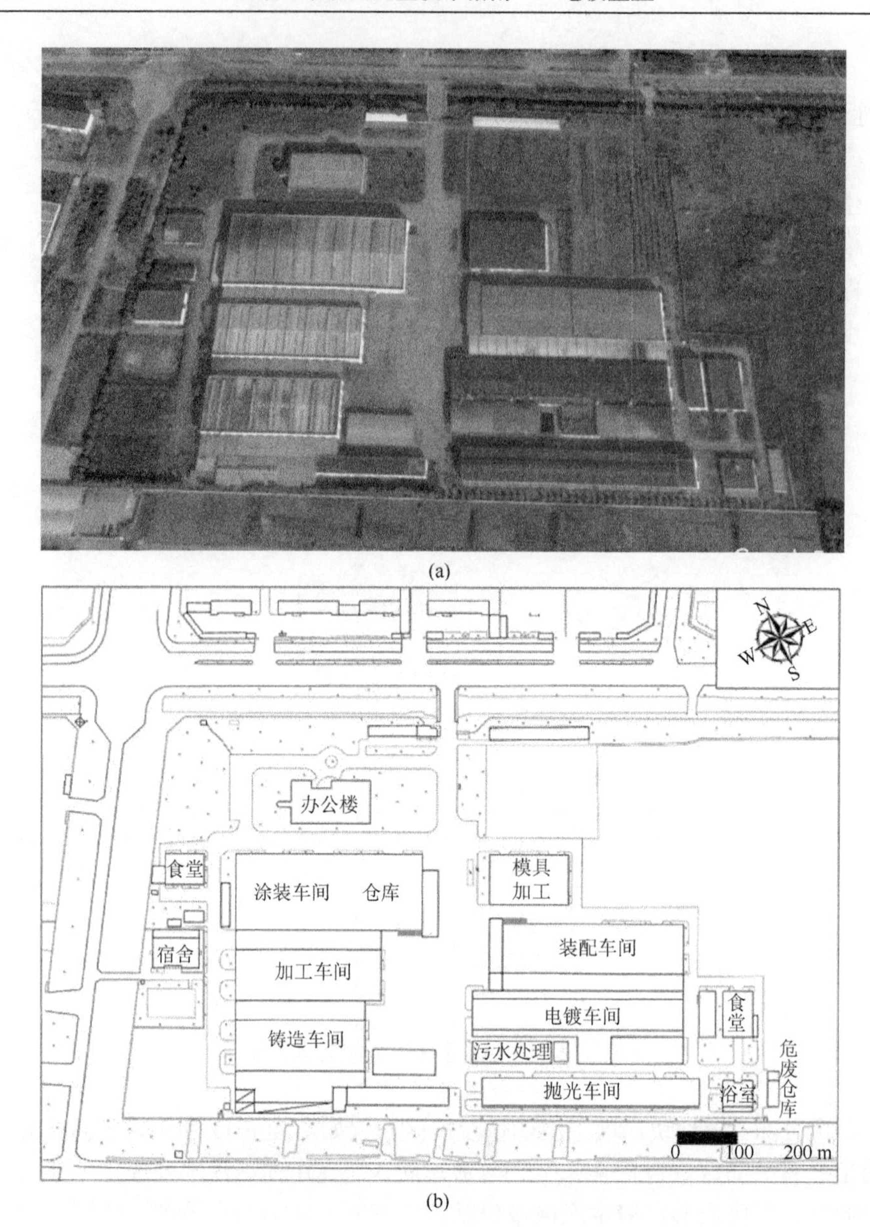

附图 P-12　某制造企业厂区卫星图像（a）与平面布局图（b）

采样布点及检测因子：根据疑似污染源区域分析和详细调查要求，本案例中在电镀生产相关区域共布设土壤采样点位 15 个，其中电镀车间 12 个，污水处理车间 1 个，抛光车间 2 个；布设地下水采样点位 6 个，其中电镀车间 4 个，污水处理车间 1 个，抛光车间 1 个。土壤检测指标包括 pH、六价铬、氰化物、氯化物、硫化物、氟化物、重金属（铜、锌、铅、镉、铬、镍、砷、银）、总石油烃、挥发性有机物、半挥发性有机物。地下水检测指标包括 pH、六价铬、氰化物、氯化物、硫化物、氟化物、硫酸根、硝酸盐、重金属（铜、锌、铅、镉、铬、镍、砷、银）、总石油烃、挥发性有机物、半挥发性有机物。

结果与分析：土壤污染调查结果表明，电镀生产相关区域中仅电镀车间存在土壤污染，污染因子为镍、铜、锌，污染集中于硬化层下垫层土，其中镍的最大检出浓度高达 21063.6 mg/kg，超出《土壤环境质量 建设用地土壤污染风险管控标准（试行）》（GB 36600—2018）一类用地筛选值标准 140 倍。

(a) 生产线分布　(b) 未拆除电镀设备

(c) 地表硬化情况及物料遗撒情况　(d) 车间内明沟

附图 P-13　电镀车间现场情况